土着品種でめぐる
イタリアワインの愛し方
Valle d'Aosta
32
Piemonte
14
Combardia
40
Trentino-
Alto Adige
44
Friuli-
Venezia Giulia
56
Veneto
72
Liguria
82
Emilia-Romagna
88
Mare Ligure
Toscana
104
Marche
112
Umbria
118
Mare Adriatico
Lazio
122
Abruzzo
126
Molise
130
Campania
132
Sardegna
172
Mare Tirreno
Puglia
144
Basilicata
152
Mare Mediterraneo
Calabria
154
Mare Ionio
Sicilia
158
Mappa dei
Vini Italiani
con Sig. Naito

特別付録「イタリアワイン MAP」の使い方

本文中に登場する各州の気候、風土を感じていただけるよう作成したイラスト MAP です。

各州に記載された数字は本文のページを示しています。INDEX としてお使いください。イラスト MAP／ハヤシコウ

土着品種でめぐる

イタリアワインの愛し方

内藤和雄

はじめに

本書は、イタリアワイン業界伝説のソムリエ、内藤和雄さんの仕事やその生き様の一端を、現在イタリアワインを愛する人たちとこれからイタリアワインの世界にやってくる人たちに伝えるために生まれた。

内藤和雄さんは、現役中の2019年9月22日に逝去。長く白血病の闘病中であったのは、一部の人だけが知るところだった。本人は決して病を口外することなく、最期の最期まで驚異的な熱量とバイタリティでイタリアワインを伝え、勤務先のレストラン「ヴィーノ・デッラ・パーチェ」でサービスの前線に立ち続けた。

内藤さんが生前に伝えたイタリアワインの記録の一つが2010年に食の専門雑誌「料理通信」で始まった連載「これだけは知っておきたい　イタリア土着ブドウ品種」だ。当初、この連載はイタリア20州と島の代表的なブドウ品種でイタリアを1周する企画だったが、1周が2周そして3周と続き、4周目が終わろうかというときに内藤さんの急逝であえなく終了となった。合計78品種のブドウの物語が語られたが、内藤さんは「まだまだ紹介しなければならない品種があるから400回ぐらいはやらないと」と言っていた。

話の聞き手として内藤さんの体調が思わしくないことは常に感じつつも、ふだん通りを貫く内藤さんにふだん通りの姿勢で取材を続けた。最後の取材となった日は、体調が随分よさそうで少し安堵したのだ。その数日後の訃報だった。最初に頭をよぎったのは「油断した」という思いで、こんなふうにイタリアワインを語る人はもう現れないだろうという無念さが募っていった。

ほぼマンツーマンで話を聞けた取材は貴重な体験だった。一つ一つのブドウ品種の話は毎回ワインのみにとどまらず、イタリアという国を縦糸横糸、ときには斜めに、イタリアという像を延々編み続ける作業のようだった。〝すべてのワインに居場所がある〟は揺るぎなきスタンスで、語られるブドウは皆どこかにいそうな、自分の知っている人の話のようでもあり、どれも親近感の湧く存在だった。難物とされる品種に「こういうワインは迎えにいってやらないといけない」と話す様子は、クラスの面倒見のよいリーダーのようで、そのユニークな語り口と感覚は、本書で体感いただけるのではないかと思う。

内藤さんの仕事を未来に繋がる書籍として残す。2021年夏、内藤さんの勤務先であったレストラン「ヴィーノ・デッラ・パーチェ」のオーナー大倉和士さん、大倉さんが書籍化を希望されていると繋いでくださった「バール・エ・エノテカ・インプリチト」のオーナー松永聡さん、現在「ヴィーノ・デッラ・パーチェ」でディレクターソムリエを務める武智慎さん、内藤さんに学んだ「リストランテ・ラ・バリック・トウキョウ」オーナーソムリエの坂田真一郎さん、「ヴィーノ・デッラ・パーチェ」で内藤さんの片腕として働いたソムリエの永瀬喜洋さんとともに出版プロジェクトを発足することになった。「料理通信」での連載内容を中心に、イタリアの食とワイン業界にこれからやってくる若い人たち、イタリアワインが好き、イタリア料理が好き、イタリアを知りたいという人たちに読み継がれ、役立つバイブルのような本にしたいとの思いが一致したのだ。より多くの人に内藤さんの存在を知って欲しいということから、クラウドファンディングを活用してプロジェクトを立ち上げることとし、2021年10月27日から同年12月22日まで「イタリアワインのレジェンド 故・内藤和雄さんの本出版プロジェクト」を実施した。その結果、支援者454名、支援額945万3500円の大きなバックアップを得て出版が現実となった。出版社探しも並行して行い、講談社での書籍化がこの年の12月に決定した。書籍化にあたり、何をどう加えるかについては議論や試行錯誤があったが、連載で語られた内藤さんの世界観を大切にすることに注力し、補足としてイタリアワイン全般を解説するようなページは一切設けないこととした。ただし連載の中の専門用語などについてはできるだけていねいな解説を入れたつもりだ。

本書の使い方としては、旅のガイドブックのように、好きなところから、聞いたことのある品種、飲んだワインの品種、気に入った品種などのページをその都度開いていただくのがよいと思う。あるいは料理から。好きなイタリア料理や知らない料理から入って、合うワインやストーリーに触れ、妄想でテイスティングしていただくのもよいかと思う。掲載順序は、おおよそ北から南に向けての州順としているが、連載の1回目がピエモンテ州の品種ドルチェットで、この項に連載全般への内藤さんのメッセージが込められていることからスタートはドルチェットとした。なので、最初はドルチェットのページを開くことをお勧めしたい。

また今回、1964年に愛知県瀬戸市に生まれ、東京で唯一無二のソムリエとなり、2019年に亡くなるまでの内藤さんの主な軌跡を聞き書きという形で年譜にまとめることを試みた。内藤さんの人生と並行して、その頃のイタリア料理業界が日本とイタリアでどのようであったかにも触れることで、イタリア料理自体の流れや、その中での内藤さんの位置を理解していただけるのではと考えている。聞き書きに際して多くの方々にご協力いただいたことを、この場を借りて御礼申し上げたい。

最後に、この本はイタリアワインを勉強することを意図していない。キーである〝土着性〟からイタリアのさまざまな魅力に繋がっていただき、イタリアという大きな沼にはまり、愛してしまうきっかけになれば幸いである。それこそが故人のもっとも望んだことであろうと思うからだ。

編著　柴田香織

「イタリアワインのレジェンド故・内藤和雄さんの本出版プロジェクト」
大倉和士、松永聡、武智慎、坂田真一郎、永瀬喜洋、柴田香織

目次

VINITALY
10 marzo - 3 aprile 2000
VERONA
Vini
Classico
di degustazione
ViniVeri
ASSISI
Vini
Veri
20 21 22
MARZO 2015
Slow Food
CITTA DI TORINO
REGIONE
PIEMONTE
SALONE
INTERNAZIONALE DEL
GUSTO
2006

#destinazionemarche
SPECIALE
VinNatur
Catalogo
Produttori
2018
Il meglio con tradizione
The best as a tradition
VINI
VERI
CONSORZIO DEL MARCHIO
CHIANTI CLASSICO

内藤和雄さんのテイスティングノートのこと

またの名を〝内藤ノート〟。内藤和雄さんのテイスティングノートは、2019年11月に行われた「内藤和雄を偲ぶ会」で初公開されました。毎朝のルーティンだったワインの試飲とその印象を書き留めた記録は、内藤さんが生きた日々のダイアリーともいえます。ノートはすべてコクヨのキャンパスノートの同じ型。表紙には〝Impressioni dei vini（ワインのインプレッション）〟と何冊目かを示す数字、使用期間が記されています。1冊使い切るのに約半年弱。一つ一つのワインに同じぐらいのスペースを割き、本人以外は判読不能と思われる独特の筆致は見る者に迫りくる力があり、一度見たら決して忘れることができません。すべてのワインとフラットに対峙し、全身の感覚で読み取ったその軌跡は、内藤和雄という人間のイタリアワインへの情熱と執念を永遠に刻んだデザインのようです。

SAME

ドルチェット（赤）

「ピエモンテーゼのデイリーワイン」

ドルチェット・ダルバ／アンドレア・オベルト　＊ワイン名／ワイナリーの順

僕は、毎年イタリアに足を運んでいます。現在5周目に入りましたが（2010年時点）、今も行く度に、土着品種のワインと郷土料理に驚きます。同郷のもの同士は合うと諺みたいに言いますけど、深く見ていくと本質的な相性があります。それがわかると快感です。

イタリアワインはわかりにくいと言われますが、日本人はDOCGのワインを順番に覚えようとするんですね。でも、DOCGより土着のブドウに注目すると、イタリアの風景や人の営みが見えてきます。僕はイタリアワインのソムリエとして、土着品種の魅力を伝えてきたつもり。でも、日本のイタリア料理界では、土着品種のワインに本当に合う郷土料理があまり注目されてこなかった。この本では、料理とワインを合わせた時に、初めてお互いの存在感が増す、イタリアらしいアッビナメント（相性）を知ってほしいと思います。

まずは、ピエモンテ州の赤品種、ドルチェットからいきましょうか。ピエモンテといえばバローロやバルバレスコ、熟成タイプの重厚なワ

ピエモンテ州

郷土料理

カルネ・クルーダ
（生肉のタルタル）

宮根正人

「牛もも肉を包丁で細かく切って塩、こしょう、オリーブオイルで調味し、シンプルに赤身のおいしさを味わう料理です。口の中で肉が弾ける感じが大切なので、必ず包丁で手切りします」

インが注目されてきましたが、地元の人がふだん飲みにしている赤はドルチェットです。ピエモンテの南半分で生産される軽やかな赤。なぜ一番飲まれているのか？　たとえば同州を代表するワインの造り手のひとり、アンジェロ・ガヤの言葉を見てみましょう。彼は「無人島に持っていくならどのワイン？」と聞かれて自分のワインではなく「ドルチェット」と答えました。無人島には何があるかわからないから、何にでも合うドルチェットということなのです。これこそドルチェットが愛されている理由です。

　ピエモンテの典型的な郷土料理といえば、カルネ・クルーダ。前菜から生肉が出てきます。他に野菜のスフォルマート（プディング風）や、肉のフリットミスト、プリモはバターたっぷりのタヤリン（p27）、セコンドも肉。こんなに重い料理をずっとバローロで合わせるのは苦行です。これをピエモンテでやっているのは旅行客（笑）。地元の人たちは、ドルチェットですいすい、前菜からセコンドまで、これ一本で食事を済ませます。

アルネイス（白）

「ランゲに春がやってきた」

ランゲ・アルネイス〝ブランジェ〟／チェレット

アルネイスは、近年のピエモンテで一番成功した土着品種です。もともと、ネッビオーロ（p24）と一緒に定植され、その目的はおとり栽培だったと言われます。ネッビオーロが熟すと鳥が食べてしまうので、その少し前に熟していい香りで鳥を惹きつけるのがアルネイスの役目。商業目的ではなかったため、生産量もわずかで、その昔は甘口ワインでした。1980年代に入り、赤ワインしかなかったランゲ地方でも白を、という流れになった時に白羽の矢が立った品種なのです。地元の著名なワイナリーと、トリノ大学がチームを組み、クローンの研究や商品化に向けて動き出しましたが、間もなく空前の赤ワインブームが訪れ、開発には成功するもスロースタートな状態に。近年になり、食事がライト傾向になったことと、土着品種ブームの到来で再度注目されるに至りました。

ピエモンテ州

郷土料理

アスパラガスのスフォルマート

馬渡 剛

「ピエモンテの春と言えばグリーンアスパラガス。玉ねぎと一緒にブイヨンで煮て裏漉しし、卵と生クリームを加えて湯煎焼きしたスフォルマートは前菜の定番です。パルミジャーノのソースをかけて」

花のようなニュアンス、フルーツのコンポートのような甘やかさのあるこの品種は、人々の嗜好の変化にピッタリ合いました。魚介や野菜料理にも軽やかに合うかわいらしい白。アルネイスはピエモンテ州ランゲに春をもたらしたのです。肉食だったピエモンテ人が魚を食し、赤ワイン一辺倒だったこの地の白ワインの主役に。コンサバな北の人たちは、観光客も増えてオープンマインドになり、随分垢抜けたと思います。

アルネイスの中心地ロエロは、バローロやバルバレスコがネッビオーロで成功している様子を傍で見て、「いつかはうちだって」と我慢強くネッビオーロに期待をかけてきたのですが、アルネイスの台頭で一気に土地の知名度を上げました。最近はロエロのネッビオーロもいいねと言われるようになり、アルネイスさまさまなのです。

グリニョリーノ（赤）

「白トリュフと出会えば」

グリニョリーノ・デル・モンフェッラート・カザレーゼ〝イル・ルーヴォ〟／カステッロ・ディ・ガビアーノ

イタリアの世界遺産として50番目。２０１４年、ピエモンテ州のブドウ畑の景観が登録されました。バローロ、バルバレスコを含むランゲ、ロエロ、そしてモンフェッラートが対象エリアです。ランゲ地方は、州を横断するタナロ川の南側に位置し、花形のブドウ品種はネッビオーロ（p24）です。対するモンフェッラートは、川の北側にありネッビオーロはほとんど見当たらず、ここではバルベーラ（p22）が主役になります。グリニョリーノというブドウは、モンフェッラートが発祥と言われ、現在ＤＯＣに認定されている中では、グリニョリーノ・デル・モンフェッラート・カザレーゼとグリニョリーノ・ダスティが代表的です。赤ワインですが、色調はロゼ？　と思うほどの淡さ。少々ハーブやスパイスのような香りがありますが、アロマは少なく、バルベーラとは対極的です。この色調の淡さはブドウ由来に加え、ブドウ粒の果肉に対して種が多く、色素を抽出しすぎるとタンニンが出過ぎて渋くなるため、醸しを適度なタイミングで止めるという事情によるものです。

ピエモンテ州

郷土料理

バーニャカウダ 白トリュフがけ

宮根正人
「日本では前菜的な位置づけですが、現地ではメイン料理としてひたすらバーニャカウダを食べます。牛乳と水で柔らかく煮たにんにくに半量のアンチョビーを合わせ、オリーブ油はつなぎ程度。にんにくのピュレをつける感覚です。野菜は菊芋とカルドが欠かせません」

グリニョリーノという名前は「渋面」が語源とも言われていますが、なるほどなかなかの曲者です。が、このグリニョリーノ、州を代表する食材である白トリュフとの息はピッタリです。以前、現地を訪れた時に、あるトラットリアでバーニャカウダの一番贅沢な食べ方だと、白トリュフをたっぷり削ってくれたことがありました。バーニャカウダもまた、州を代表する郷土料理です。秋の収穫祭で食べるのが伝統的で、バルバビエートラ（ビーツの一種）、トピナンブール（菊芋）などの根菜が、北のテロワールを感じさせてくれます。にんにくとアンチョビー、オリーブオイルで作るバーニャカウダソースですが、白トリュフと一緒だとアロマたっぷりの濃厚な赤ワインには合いません。そこで、さっぱりして、適度なタンニンもあるグリニョリーノの出番です。

日本でも定番となったバーニャカウダと一緒におすすめしたら、もうちょっと有名になれるでしょうか。

コルテーゼ（白）

「偉大な産地の辺境」

ガヴィ〝ピセ〟／ラ・ライア

ピエモンテ州のスターワインは、バローロ、バルバレスコ、アルバ、近年はロエロと、産地はいずれも近接しています。主要都市のトリノ、そしてミラノからもアクセスしやすく、ワイン業者にとっては、ワンストップで有名ワイン各種を入手できます。そんな事情も、これらの土地が輝いている要因のひとつかもしれません。

ガヴィというワインもまた、ピエモンテ産です。先に挙げた同州のスターワインと違うのは、トリノやミラノからは不便で、孤立した立地にあるということです。ここで主に栽培されているのが、コルテーゼという品種です。南下すればリグーリアの海が開け、立地のイメージもあってか、魚介に合う軽い白ワインの評価が定着してきました。１９８０年代、世界は白ワインブームで、その時代にガヴィも注目されました。しかし、90年代の赤ワインブームが到来すると影をひそめ、その後、イタリアが土着品種の時代を迎えると、ピエモンテで脚光を浴びた白品種は、主要エリアにあるロエロのアルネイス（p16）でした。

ピエモンテ州

郷土料理

かえると野草のリゾット

岩坪 滋

「ピエモンテはイタリア有数の米どころ。水田が多いので、かえるもよく食べます。今日はふくよかなガヴィに合わせて、バターを使ったリゾットにしました。炒めた米をかえるのブロードで炊き、山菜とかえるの肉を炒めたものを合わせます。かえるは淡白だけれど、いいだしが出るんですよ」

ピエモンテの辺境で造られるガヴィには二つの顔があります。一つは、土壌に恵まれた2ヵ所の丘陵地で生まれる、熟成型の偉大なワイン。コルテーゼの特色は、最初に地中海的果実の雰囲気が来て総体として塩っぽいミネラル感があるのですが、丘陵地では、酸が豊かですばらしい骨格のワインが生まれます。魚よりも、うさぎやかえるなどの白身肉、甲殻類や中硬質のムッチリとしたチーズと相性がよいと思います。そしてもう一つの顔が、早飲みタイプ。丘陵地周辺に広がる低地では、地酒として気軽なワインが生産され、ガヴィのイメージとしては、後者が定着しているようです。

ガヴィの誕生は一説に972年で、近年人気のアルネイスより堂々の歴史。その矜持を示すように、生産者組合のパンフレットに〝STORIA DEL GRANDE BIANCO（偉大なる白の歴史）〟と記されるようになりました。その言葉に偽りはなく、いつの日か「偉大なる白」こそガヴィの顔となることを、僕も夢見ている一人です。

バルベーラ（赤）

「バルベーラの悩み」

バルベーラ・ダスティ〝ラ・モーラ〟／ライオーロ・グイド・レジニン

ラ・バルベーラ。イタリアのブドウ品種は大概が男性名詞ですが、バルベーラは珍しく女性名詞です。言葉の響きからして優雅でフェミニン。実際、バルベーラを用いたワインは、タンニンの渋みはわずかで豊かな酸があり、どんな食事にもよく合います。愛らしく、誰に対しても感じのよい女性のようなワインです。

バルベーラの故郷は、ピエモンテ州中東部、モンフェッラートとアスティ地方です。他の地方でも栽培されていますが、バルベーラを最もよい条件の畑で栽培してきたのはこの場所でした。一方、同州で最も有名なブドウ品種、ネッビオーロ（p24）に重きを置いてきたのが南部のランゲ地方です。ランゲ地方は、よい畑はネッビオーロ、それ以外の畑で他品種を栽培してきました。

バルベーラを巡る環境が変わったのは1980年代前半です。当時、ピエモンテ州は、ワイン産地としての再生をかけて、フランスワインに学びました。特に、ブルゴーニュをリスペクト

PIEMONTE

ピエモンテ州

郷土料理

アニョロッティ・ダル・プリン

地頭方貴久子

「ピエモンテの代表的なパスタですが、詰め物やソースは店や家によって違います。私が働いていたアスティの店では、豚、牛、サルシッチャをバルベーラで煮込んだものにチーズのリゾット、ほうれんそうを加えて詰め物に。肉を煮込んだ赤ワインソースを絡めて、仕上げにチーズを削ります」

したピエモンテの生産者たちは、ブドウの収量を減らし、樽熟成することを取り入れます。バルベーラも樽の恩恵を受け、元来はなかった渋みを得て、ボディのある高級路線を目指す生産者が現れました。結果、バルベーラの知名度は上がります。しかし、食事のクライマックス、メインと合わせるとなると、やはりバローロにはかないません。バルベーラは常にバローロと比較され、居場所を失いつつありました。

土着品種が再評価されるようになり、地元では元来のバルベーラが愛されています。しかし、バローロの生産者たちは、バローロとセットで海外に販売しています。その販売先に、日本もあります。

日本に入ってくるバルベーラは、今もランゲ産が中心。それが悪いわけではないのですが、もし〝ラ・バルベーラ〟を知りたいと思ったら、モンフェッラートやアスティ産に注目して、その素顔にふれてほしいのです。

ネッビオーロ（赤）

「回帰の先の未来」

バローロ／チェレット

ネッビオーロという品種には、語るべきことがたくさんあります。

その基本的性格は、タンニンや酸が強くて、親しみやすいタイプとは言えません。しかし、長期熟成すると堅固さの中にしなやかさのある、すばらしいワインになります。同じピエモンテ州のドルチェット（p14）やバルベーラ（p22）が気軽なタイプとすれば、ネッビオーロには、よい意味での緊張感があります。ネッビオーロを主要品種とするバローロ、バルバレスコは、イタリアを代表する格のあるワインです。

ネッビオーロの名を世界に知らしめたのは1980年代、バローロ・ボーイズという当時新世代の造り手たちでした。彼らは、近代的醸造法に切り替え、バローロの特色でもあるタンニンを抑えて果実味を強調した飲みやすいバローロを造り、国際的マーケットの需要に応えました。

やがて、世界市場の中でワイン経験値が上がると、品種や産地の個性が求められるようにな

ピエモンテ州

郷土料理

牛ほほ肉のブラザート

スペルティーノ・ファビオ
「ブラザートは、赤ワイン煮ではなく、肉をマリネした赤ワインを少しずつ加えながら〝煮詰める〟料理です。3時間くらいかかる冬の料理。肉と一緒にマリネした野菜が最後に溶けるくらい柔らかくなるので漉してソースにします。少し粗めの食感を残すのがポイントですね」

りました。それを象徴するのが、単一畑のブドウから造るワインでした。バローロでけ、カンヌービ、ブッシアといった畑が有名になりました。

単一畑の人気は健在ですが、もう一つ、現在のバローロ、バルバレスコで起きつつあるのがブレンドへの回帰です。バローロやバルバレスコは、1960年代まではブレンドが主流でした。その頃の生産者は複数の畑の栽培農家からブドウを買い上げ、独自のレシピによってそれらをバランスよくブレンドしてワインを造り上げていました。現地では、バローロ・クラシコと呼ばれています。そして、今の醸造技術の進歩も取り入れて可能になった高品質なブレンドは、かつてのブレンドよりも全体の仕上がりが美しく、再び評価される兆しがあります。

元来の堅固な性格に、優美さとミネラル感を備え、複雑なのに調和あるネッビオーロは、回帰の先に未来を見出しました。

ルケ（赤）

「幻の品種は、バラの香り」

ルケ・ディ・カスタニョーレ・モンフェッラート〝イ・フィルマーティ〟／ルカ・フェラリス

ピエモンテ州アスティ県の7つの村を中心に栽培されている品種ルケは、イタリア人の間でも知られざる土着品種の一つかもしれません。かわいらしい響きのルケは、ロック＝岩、岩山の急斜面に由来するそうです。歴史は古く、フランスのサヴォワ地方から持ち込まれたとも言われますが、フランスには現在残っていません。生産量が少なく、絶滅の危機に瀕していたこの品種が再発見されたのは今から約50年前のことですが（2017年時点）、土着品種が脚光をあびるようになったことで、2010年頃から注目されるようになりました。

ルケの特長は、何といってもバラのような香りです。バラの香りと聞いて、ネガティブなイメージを持つ方もいるかもしれませんが、マルケ州のラクリマ（p114）のようなムンムンとしたバラ香ではなく、可憐で奥ゆかしさのある香りです。バラの他にゼラニウムやカルダモンのハーブ香、紅茶、チェリーリキュールのフルーツ香もあります。色合いは淡いのですが、

ピエモンテ州

郷土料理

低温乾燥したタヤリン 仔牛のソーセージのラグーとオッチェリさんのカステルマーニョ

近藤正之

「タヤリンは卵黄をたっぷり使った手打ちパスタ。乾燥させることで卵の味が濃くなり、歯応えも持続します。ソースはピエモンテ州ブラの伝統的な仔牛の生ソーセージを再現し、中身をほぐして煮込んだもの。脂肪が少ないので軽いラグーになります。仕上げに牛乳製のチーズを削って」

後味にはほのかな苦みを感じます。食事を伴った時、いい意味でギャップが生まれるのがイタリアワインらしさだったりするのですが、この品種も良い方向にセオリーを裏切ってくれます。

肉料理満載なピエモンテ州の郷土の味、たとえば、肉の内臓煮込み「フィナンツィエーラ」「アニョロッティ・ダル・プリン」、そしてこの地方の、これまた幻し系ですが「カステルマーニョ」という熟成型ハードチーズなどとの相性が良いのです。日本ではあまりやりませんが、現地では白トリュフのリゾットに合わせることもあります。これがおいしい。

（p31）や、肉を包んだラヴィオリ

2010年10月、ルケ・ディ・カスタニョーレ・モンフェッラートはDOCGに昇格しました。ネッビオーロやバルベーラなど魅力的な赤品種がひしめくピエモンテ州で、生産量が少なくてもアイデンティティのある、新たな顔として認められたのです。

モスカート・ビアンコ（白泡）

「羊の皮を被った狼です」

モスカート・ダスティ／チェレット

クリスマスの頃、イタリアではパネットーネという発酵菓子を食べます。パネットーネは、ロンバルディア州生まれの伝統菓子ですが、イタリア全土や海外にも人気が広がりました。よく合わせるのが、ピエモンテ州のスパークリングワイン。今回は、スパークリングワインの中でも特にパネットーネと合わせていただきたい、モスカート・ビアンコのお話です。

　モスカートというブドウは、赤・白・黄色があります。一番メジャーなのが、モスカート・ビアンコ。そして、ちょっとややこしいのですが、モスカート・ビアンコにはふたつのDOCGが存在します。違いは醸造方法。ひとつ目のアスティ・スプマンテは、イタリアのスパークリングワインでプロセッコ（p76）と並んで最も認知度が高く、生産量も多いワインです。甘口で明快な桃などのフルーツ香があり、ガス圧が高いので（5〜6バール）、しっかり冷やすとさっぱりと飲めます。ガス圧が高いのは、糖と酵母を加えた二次発酵をタンク内で行う（シャ

ピエモンテ州

郷土料理

パネットーネ

阿部之彦

「イタリアで菓子屋を営む友人から酵母を譲り受け、2009年から作っています。酵母に水や小麦粉、砂糖、バター、卵黄、ドライフルーツなどを順次加えて発酵させ、を繰り返し3日間かけて作るのですが、ただ混ぜるのではなく切るように捏ねることで、風味が良くなります」

ルマー方式）ためです。

もうひとつのモスカート・ダスティはアルコール発酵を途中で止める製法なので（アンチェストラーレ）、微発泡になります。シャルマー方式が定着したのは第二次世界大戦後ですが、アンチェストラーレはそれ以前からあります。ガス圧は低い（2・5バール以下）のですが、炭酸の力を借りない分、品種本来が持つ芳香性があります。甘さの奥にはムスク（麝香）、白こしょうのスパイス香が潜んでおり、官能的な香りが立ち上がります。その度に思うのです。モスカート・ビアンコは、羊の皮を被った狼だと。モスカート・ビアンコの裏の顔にして真実を味わいたければ、スタイルが簡単に想像のつく甘口スパークリングではありません。ですから、モスカート・ビアンコの裏の顔にして真実を味わいたければ、り発酵したパネットーネと合わせたら、それはもう官能的ビブラートの世界。時に起こる不協和音をも飲み込みながら、イタリアンドルチェの深みにはまりますよ。

フレイザ（赤）

「永遠のニッチです」

ルンケット／トリンケーロ

ある機会に、ネッビオーロ（p24）2種類、フレイザ4種類をブラインドで出したことがありました。参加者は皆、フレイザをネッビオーロであると疑いませんでした。そうです。フレイザはピエモンテ州の花形、ネッビオーロとキャラクターが少し似ています。タンニンがあって骨格があり、時として厳格です。品種としての歴史はネッビオーロよりも古く、1500年代に文献に登場すると、1700年代には人気を博し、1800年代にはピエモンテの主要品種を張った時代もあったようです。ただし頑なすぎて性格を変えることはなく、いつの時代も純朴で化けない品種でした。片や、華やか方向に舵を切り、国際的スターになったのがネッビオーロ。ネッビオーロの華麗な活躍の陰で、フレイザは細々と地元で生き延びてきました。一部の生産者には、この品種が時にすばらしい熟成を遂げることが知られていましたが、時代の流れは、この品種を地味な方へと向かわせてしまったのです。ゆえにむしろこの品種にロマンを抱く生産者も少なくありません。そして飲

ピエモンテ州

郷土料理

フィナンツィエーラ

堀川 亮

「北イタリアでは昔、内臓は最も貴重な部位とされていて、トリノの金融マンが好んで食べた料理と言われます。鶏冠とレバー、仔牛の胸腺肉や脳みそ等を各々下処理し、マルサーラ酒多め、赤ワインビネガーで炒め煮して鶏のブイヨンでコクを出します。ポイントが多く面白い料理です」

み手も。こうしてフレイザは、絶滅の危機を経験しながらも、途絶えることなく、ニッチな生産者と飲み手によって支持されてきました。濃い赤ワインブームが終わると、ネッビオーロは本来の性格を生かす造りに再び路線変更します。それは皮肉にも、ネッビオーロがフレイザ寄りになるという状況を生みます。

フレイザは堅固な性格ですが、フラワリーなフレーバー、果実味もあり、スティルワインだけでなく発泡タイプも魅力的です。料理に合わせるなら土着品種らしく、ピエモンテの肉料理と。このワインの必然がわかると思います。特にコラーゲンたっぷりでネッチリした食感の鶏冠（とさか）、内臓肉を煮込んだフィナンツィエーラには、よく合います。

最近のピエモンテでは、白品種のエルバルーチェ、ティモラッソなどマイナー土着品種が復活を遂げています。フレイザもそろそろでしょうか。いやいや、我らがフレイザには、永遠のニッチであってほしいものです。

プティ・ルージュ（赤）

「アルプスを越えれば」

ヴァッレ・ダオスタ・プティ・ルージュ／アンスティトゥ・アグリコル・レジョナル

ピエモンテ州の左肩にちょんと乗ったような小さなヴァッレ・ダオスタ州は、イタリアの中で面積最小の州、ワイン生産のシェアも全州中最少です。州の大半が渓谷で、ヨーロッパ最高峰のモンテビアンコ（モンブラン）を源流とするドーラ・バルテア川流域にブドウ畑が広がります。標高1000mを超える高地にもブドウが育ち、ヨーロッパのブドウがフィロキセラ（害虫）の脅威にさらされた時代も、ここは被害を受けることなく原生種が残りました。

アルプスを越えればフランス。ヴァッレ・ダオスタのブドウはフランス由来のブドウも多く、呼び名もフランス語です。寒い土地は白ワインが多いものですが、赤ワインの需要が高く、中でも栽培が多い品種がプティ・ルージュです。大抵はガメイやピノネロ、フミン（p38）やコルナレンなどとブレンドし、淡いルビー色の赤ワインが生まれます。最も力強いプティ・ルージュが育つと言われるアンフェール・ダルヴィエでは、ブドウ畑はすべて南向きに作られ、わ

ヴァッレ・ダオスタ州

郷土料理

セウパ・ア・ラ・ヴァルペッリネンツェ
（チーズ、パン、ちりめんキャベツのスープ）

小池教之

「ライ麦パン、ちりめんキャベツ、高脂肪チーズという、平地の少ない寒冷地で生み出された組み合わせ。ブロードを染み込ませたパン、キャベツ、チーズを重ね焼きにし、体を芯から温めます」

ずかな太陽光を懸命に取り入れる工夫がなされています。

僕が最初にヴァッレ・ダオスタを訪れたのは1990年の冬。午後3時過ぎにはうす暗く、人通りがなく、目抜き通りさえ寒々として、侘しさに心が締め付けられそうでした。街に色がないというのでしょうか。バールの照明も暗くて、暗鬱とした気分が今も蘇ってきます。食材の種類も少なくパスタもありません。冷えた体を温めてくれたのは、ちりめんキャベツとフォンティーナチーズのズッパでした。寒くてオリーブが育たないので、スープに垂らしたのはくるみオイル。カチカチに硬いパンをズッパに浸して食べるのです。

その後、ヴァッレ・ダオスタには夏の明るいイメージ、スキーリゾートとしての華やかな顔があることを知りました。それでも僕にとっては、あの日の侘しい気分、色の淡い赤ワインと鄙びたズッパこそ、ヴァッレ・ダオスタでの大切な思い出なのです。

プリエ・ブラン（白）

「アルプスの石清水のように」

ヴァッレ・ダオスト・ブラン・ドゥ・モルジェ・エ・ドゥ・ラ・サル／エルメス・パヴェーゼ

イタリア20州中、最も標高の高いブドウ畑を有するのがヴァッレ・ダオスタ州です。ヴァッレとは渓谷を意味しますが、モンブランとマッターホルンに手が届く立地と言えば、天空のブドウ畑がイメージできるでしょうか？サブゾーンと呼ばれる7つのブドウ産地が渓谷沿いに点在し、低く仕立てたブドウの木が石垣に囲われています。これは、わずかな太陽熱を効率よく吸収する工夫で、アルプスの反射熱を蓄えた石垣が、ブドウを寒さから守ってくれるのです。昔の人々のすばらしい知恵ですね。

歴史的に赤ワイン中心に生産されてきましたが、昨今の白ワインブームにより着目されたのが、土着品種のプリエ・ブランでした。他ですでに成功を収めていたピノ・グリージョやミュラー・トゥルガウは、同州でも60年ほど前（2014年時点）から植えられていたと言われますが、この品種の経緯はフランスのサヴォワから伝来したという説もあり、はっきりとしていません。実は、プリエ・ブランというのは学術

ヴァッレ・ダオスタ州

郷土料理

フォンドゥータ

山崎夏紀

「フォンティーナチーズをスライスして牛乳に2〜3時間浸し、弱火で溶かしたところにバターと卵黄を加え混ぜます。お酒の入らない素朴なチーズ・フォンデュ。粉の風味がする田舎パンにつけて食べます」

名で、一般名称はブラン・ドゥ・モルジェ・エ・ドゥ・ラ・サルといいます。長いですね。意味は「モルジェとサルという土地の白ブドウ」です。鉄道のモルジェ駅で下車すると、そこはもう標高900m。山の斜面に沿って1200mまで這うようにブドウ畑が広がります。

サルはモルジェよりも東側の土地。ヴァッレ・ダオスタのワイン産地の中でも、とりわけこの小さなエリアでしか作られない品種で、酸とキラキラしたミネラルが特徴的。アルプスらしいピュアな味わいです。

イタリアの白ワイン代表産地としては、北部でもドイツ寄りのアルト・アディジェがゲルマンらしいすきのないクリーンさ、そしてフリウリがアロマティックで享楽的なテイストで成功を収めていますが、対するヴァッレ・ダオスタの白は、石清水のような奥ゆかしさが魅力です。料理に寄り添う感じで、比較的万能に合わせられますが、現地風に楽しむならちょっとヘビーな山の料理、フォンドゥータがおすすめです。

プティ・アルヴィン（白）

「山岳白ワインのリーダー」

ヴァッレ・ダオスタ・プティ・アルヴィン／レ・クレーテ

ヴァッレ・ダオスタ州の夏は短い。鬱々とした秋冬の灰色の空とは対照的に、夏の空はパキッと青く、山の緑とのコントラストが美しい。一年で最も快適な季節を楽しもうと、街は俄に活気づきます。

そんな夏にぴったりな品種が、プティ・アルヴィンです。赤品種の多い地域ですが、現在の花形品種が、この白ブドウです。同州は、山続きでスイスやフランスとつながっていますが、プティ・アルヴィンは、スイスのレマン湖あたりが原産とされ、約400年前の文献に記録のある山品種です。藤の花のようなフラワリーな香り、グレープフルーツやレモンバームのトーン、果実味もミネラル感も備わり、「喜ばしい」という言葉がとてもしっくりきます。同地域では、白品種ではミュラー・トゥルガウ、シャルドネの生産量が多いのですが、土地のシンボル、高級品種として2005年頃から注目されているのがプティ・アルヴィンです。

ヴァッレ・ダオスタ州

郷土料理

ファヴォ

（空豆とパンのパスタグラタン）

岡谷文雄

「アオスタは、パンを焼くより暖をとるための薪が大切な土地。週に1回焼くパンがカチカチになったら裁断機で角切りにしてバターを吸わせながら焼き、茹でた空豆、ショートパスタと一緒にトマトソースに混ぜ、フォンティーナチーズをのせて焼く。現地では一度にたくさん作る料理です」

ほぼ山岳のヴァッレ・ダオスタ州は、人にとってもブドウにとっても、生きていくのが厳しい土地。州の名前の一部でもあるヴァッレ（渓谷）は氷河が削った谷ですが、州の西から東を流れる川沿いには、比較的傾斜の緩やかな日当たりのよい斜面があります。プティ・アルヴィンが生育しているのがその場所で、渓谷のちょっとした窪地にある州都アオスタの街を囲むようにブドウ畑があります。この品種は、早摘みされるものと遅摘みされるものがあり、遅摘みのタイプには長期熟成に期待が高まっています。

山の幸と合わせるなら、ジビエの生ハム「モチェッタ」や、フレッシュでミルキーな「ソロマッツォ」チーズが思い浮かびます。地元を訪れると、とんでもなくおいしいチーズに出会うことがありますが、ヴァッレ・ダオスタにもそんな思い出がありました。チーズの入手先を尋ねると、話をはぐらかされたなあ。そんな思い出とともに飲む山の白ワインがまたおいしいのです。

フミン（赤）

「スモーキー・フレーバー」

ヴァッレ・ダオステ・フミン／ラトエヨ

ヴァッレ・ダオスタ州は、近年白品種の注目エリアですが、かつては赤品種の栽培が中心で、その代表格がローマ時代からあったとされるプティ・ルージュ（p32）でした。そして、他の赤品種は、プティ・ルージュを補完するブレンド用でした。

フミンもまた、プティ・ルージュを陰から支えてきた品種ですが、文献上はプティ・ルージュよりも古く、1830年代に記述されています。語源は、煙（フーモ）に由来し、スモーキー・フレーバーが特徴的です。また、寒い地域では、赤の色調が濃く出る品種が重宝されますが、その性質を持ったブドウです。赤色が十分発揮されるよう、栽培場所としては、同州で一番日照条件の良い、アオスタ渓谷の中心部、南側の丘が当てられてきました。香りは、先述したスモーキーさに黒こしょうのスパイシーなニュアンス、ハーブのような清涼感もあり、味わいはブルーベリーのような酸味と果実感があります。独特

ヴァッレ・ダオスタ州

郷土料理

モチェッタ

「アルプス山脈の谷間に位置するヴァッレ・ダオスタは、保存食が豊富です。モチェッタは鹿や牛の塊肉を塩とスパイス入りの赤ワインに2週間ほど浸けてから、干して熟成させたもの。白いカビがつき始めたら食べ頃です。赤ワインの沁み込んだモチッとした肉はつまみに最適」

岡谷文雄

の青臭さがあり、単独では個性的すぎるので、プティ・ルージュを色の濃度、酸、ボディの側面から補強してきました。しかし、醸造技術が進化すると、2000年頃からは単一品種でも造られるようになり、熟成の可能性にも期待がかかります。フミンは、若い時はガメイのような赤い果実感が強く、熟成とともにカベルネ・フランのような青い果実感が強くなります。5年から10年熟成できると言われていますが、さらなる長期熟成の可能性もあるようです。

料理と合わせるならば、前菜は加工肉の中でも野趣のあるモチェッタ（鹿やカモシカなどのハム）と。食事の中盤では、黄色いエンドウ豆を形がなくなるまで煮込み、くるみオイルをたっぷりとかけたスープとがよいと思います。そして、メインはカルボナーデ（牛の煮込み）。こんな流れなら、フミン一本でコースを構成できそうです。

キアヴェンナスカ（赤）

「陸の孤島、あるいは影を抱くワイン」

ロッソ・ディ・ヴァルテッリーナ／バルジェーラ

イタリア北部は、いくつかの国と接しています。今回お話しするキアヴェンナスカは、あと10㎞でスイスというヴァルテッリーナ地方のブドウです。このあたりは中央アルプスが連立し、周囲の集落から隔絶された陸の孤島。食材も豊かとは言い難く、山岳地帯で手に入る食材といえば、チーズ、じゃが芋、肉の加工品、そしてそばぐらい。ワインの生産量もわずかで、イタリア人よりスイス人に知られていたワインでした。

この変わった名前のブドウ、実はネッビオーロ種です。呼び方はヴァルテッリーナ地方の方言と言われますが、同じネッビオーロ種でもピエモンテとは性格がかなり違います。ネッビオーロ（p24）がピエモンテ南部の太陽を受け、明るさや華やかさを呈しているのに対し、キアヴェンナスカは、陰気で閉じた印象です。色も薄く、味も香りも控えめで、しばらく開けてなかったインクのようなニュアンス。というとネガティブに聞こえるかもしれませんが、その陰気さこ

ロンバルディア州

郷土料理

ピッツォッケリ（そば粉のパスタ）

宮本義隆
「パスタは厚めに、ちりめんキャベツはクタッとするまで火を入れて、最後にたっぷり焦がしバターをかける。ガツンとお腹にたまるけど、寒い日に皆で取り分けて食べると滅法旨いパスタです」

そ魅力と僕は思います。山岳地帯の厳しい気候風土や生活を映し出したワインは、素朴な山の料理と合わせた時、真価を発揮します。日本も、米や小麦の採れない山間部はそばが主食でしたが、イタリアもまた然り。山の痩せた土地でも育つそば粉がパスタの原料です。ピッツォッケリがまさにそれ。この地方を代表する郷土パスタは、具材はじゃが芋とキャベツ、山のチーズがたっぷり。こんなパスタと合わせるとキアヴェンナスカの奥行き、すなわち山のミネラルが生き生きと感じられてきます。

　山の中腹で、やっと見つけた店に入った自分をご想像ください。寒いです、窓は曇っています。そこにそば粉のパスタにちょっと陰気な影のあるワイン。まるで日本の演歌。しみじみしちゃいます。そんな気分に浸りたい時、あるでしょ。皆でワイワイより一人でちびり、ちびり。トマトソースやオリーブオイルの地中海とは無縁な世界。そんなイタリアもあるのです。

ボナルダ（赤）

「国際都市の地酒」

ボナルダ・デッロルトレポ・パヴェーゼ・フリッツァンテ〝レ・ゾッレ〟／ラ・トラヴァリーナ

イタリアワインの情報が日本にまだまだなかった頃、渇望を覚えて訪れたのは、ミラノやローマでした。都市の本屋とエノテカが、僕の情報収集基地だったのです。しかし、当時はイタリア国内でもトスカーナワインがもてはやされ、ミラノのエノテカでもスーパーでもトスカーナ中心の店がほとんどでした。地酒はどこに？ と思っていたところ、あるエノテカに辿り着きました。そこは予約者のみ入店を許され、老齢のおばあさんが一人で営んでいました。この店のロンバルディア州産ワインの品揃えは圧巻で、彼女の志の高さを示しているようでした。僕には、その店が地元の人のみぞ知る桃源郷に思われました。ミラノは国際都市ですが、ローカルな顔は裏側に、しっかりと存在していたのです。狂喜した僕は、かなり変な外国人だったのでしょう。無愛想なおばあさんが、そのうち話しかけてくれるようになりました。

　ロンバルディア州の主な産地は、東のフランチャコルタ、北のヴァルテッリーナ、そして今回お話しする南部のオルトレポ・パヴェーゼで

ロンバルディア州

郷土料理

ブセッカ
（ミラノ風トリッパ）

日高弘樹
「ミラノのトリッパは、ハチノスだけでなくセンマイが入ります。別々に茹でこぼしてからブロードと白いんげん豆、ソフリット、トマト、セージとバターも入れて煮込みます」

す。僕は、このエノテカで、オルトレポ・パヴェーゼは、赤の微発泡が定番と初めて知りました。その主要品種がボナルダです。武骨で無表情でタンニンがあり、単独ではなかなか飲みづらい品種。やはりこの地域で栽培の多い、柔らかくて酸のあるバルベーラとのブレンドが多いのです。そして、この両品種のバランスの妙こそ、オルトレポ・パヴェーゼの醍醐味といっていいでしょう。ピエモンテ州やロンバルディア州と地続きのエミリア－ロマーニャ州でも栽培されている品種ですが、この辺りは生ハムやサラミの聖地。そして、それらに寄り添うように赤い微発泡のワインがあるのです。ミラノの郷土料理は、油脂分たっぷりの重い料理が多い。これを微発泡で洗い流し、ボナルダのタンニンでさっぱりさせるのが理に適っています。たとえばミラノ風トリッパは、ネットリ、ネチっこい脂が特徴的で、こんな料理と合わせた日には、ボナルダというブドウがこの土地にあってよかったとつくづく思ってしまいます。

スキアーヴァ（赤）

「イタリアであって、イタリアでない」

アルト・アディジェ・エーデルフェルナッチュ／ギルラン

15世紀から第一次世界大戦終了（1918年）まで中央ヨーロッパに君臨したハプスブルク家は、ワインの生産においてもヨーロッパに大きな影響を残しました。トレンティーノ＝アルト・アディジェ州はイタリアに最後に統合された州で、ドイツ寄りのアルト・アディジェ地方の人々は今もドイツ語を話し、食文化にもゲルマン圏の影響が色濃く見られます。同州で生産されるピノ・ビアンコ（p46）やピノ・グリージョなどいくつかの品種は、ハプスブルク家によってこの地にもたらされたものです。ハプスブルク家の統治後、この辺りはオーストリアとイタリアが領土を争い、政情不安定なことの多い地域でした。

僕がこの州を初めて訪れたのは1992年。ワイナリーの奥さんがニョッキだと供してくれたのが、スープ皿の中で存在感を放つカネーデルリでした。パスタをあまり食べない同州では、硬くなったパンを生ハムやチーズなどと一緒に団子状に丸めて茹でたものが食事の定番です。その素っ気ない外観は強烈な印象で、その後に

トレンティーノ-アルト・アディジェ州

郷土料理

カネーデルリ

（パン、牛乳、卵、スペック、チーズ、パセリの団子スープ）

「牛乳に浸したパンに、その土地、その季節に採れるものを加えて茹でて食べるプリモピアット。ブロードに浮かべたり、焼いてから蒸したり、ドライフルーツを加えてデザートにもなります」

北村征博

食べたものの記憶がないほど。一緒に飲んだ赤ワインがスキアーヴァでした。当時は濃いワインがよしとされた時代で、ここを訪れる前にトスカーナで濃いワイン三昧だった僕にとって、スキアーヴァの色の薄さもまた衝撃的でした。

　この地方がワインの生産技術を大きく向上させたのは、90年代後半からでした。ドイツの技術である窒素充塡方式をイタリアで初めて導入したのも同州。安ワインの代表だったスキアーヴァは、その魅力を最大限に発揮します。ロゼっぽい香りにサラリとした飲み口、上質なものにはバラのような香りもあり、食事に軽さを求める現代の食卓において注目されるべき品種となりました。

　そして、再評価されたのはワインだけではありませんでした。カネーデルリもまた、リストランテの一皿としてユニークなポジションを築きます。スープ、プリモピアット、時にデザートとして。自由にアレンジされるようになったカネーデルリも、この地方のワインと共に再び輝いています。

ピノ・ビアンコ（白）

「ゲルマン気質の優等生」

アルト・アディジェ・サンタ・マッダレーナ・ピノ・ビアンコ／カンティーナ・ボルツァーノ

1位がピノ・グリージョ。そしてゲヴェルツトラミネル、ピノ・ビアンコ、シャルドネ。アルト・アディジェ地方で栽培されている白ブドウ生産量の順位です（2014年）。

ピノ・グリージョとシャルドネは世界的に人気の国際品種で、特にピノ・グリージョは、1980年代アメリカで爆発的に人気が出て輸出用に生産量を伸ばしました。一方、元々育てられてきたのがピノ・ビアンコとゲヴェルツトラミネルです。この2品種は、ドイツとフランス、オーストリアとイタリア、ゲルマン民族とラテン民族がせめぎ合ってきた土地のブドウで、とりわけゲルマン民族の意地とプライドが感じられます。

イタリアの場合、州名はトレンティーノ-アルト・アディジェですが、イタリア本土寄りのトレンティーノとオーストリア寄りのアルト・アディジェは違う国のよう。わかりやすいところで言うと、アルト・アディジェは人も電車も時間に正確。いい意味でゲルマン人らしくてワイン造りもきっちりとしています。イタリアで最

トレンティーノ-アルト・アディジェ州

郷土料理

ホワイトアスパラガスのボルツァーノソース添え

三輪 学

「春先はどこの店に行ってもメニューにある一皿。茹で卵の黄身を裏漉しして酢と油を加え、裏漉しした白身を混ぜたボルツァーノ風マヨネーズとシブレットのみじん切りを散らすのが定番です」

初にボトルの窒素充填を始めたのもこのエリア。ワイン全般、クリーンな清々しさがあり、まずはずれがないワイン産地と言ってよいでしょう。

アルト・アディジェのピノ・ビアンコは、先の白4品種の中で言うと、もっともニュートラルな味わいです。色合いは薄い黄緑色、純朴で透明感があり、飲み口は辛口。その存在を意識してあげないと、色もアロマもわかりやすい他の品種に押されてしまいます。でも、春先はピノ・ビアンコのよさを感じやすい時期ではないかと思います。北ヨーロッパに春を告げる白アスパラガスは、少々アクがありますが、ピノ・ビアンコと合わせるとそれが消えて、同時にこのブドウに隠れていたほのかな洋なしのアロマも感じ取ることができます。日本人も、春は七草に始まり、山菜や竹の子など苦みや青臭さのある野菜を好んで食べますよね。日本の春野菜にもピノ・ビアンコはピッタリなはず。春の訪れとともに、その存在に気づいていただきたいワインです。

ラグレイン（赤）

「しなやかに生まれ変わって」

アルト・アディジェ・ラグレイン〝フォルフィヨ〞／テルラーノ

オーストリアからイタリアにかけてアルプスの山々でつながるアルト・アディジェ地方は、オーストリア－ハンガリー帝国に属した過去があり、今もドイツ語圏です。アルト・アディジェは、またの名をスッドチロル（南チロル）と言います。この地方は高地酪農が盛んで、乳質の高さはイタリア国民のお墨付き。そしてオーストリアとの国境辺りで栽培されているブドウが、ラグレインです（現地では「ラグライン」と呼ばれています）。

この品種でまず知っていただきたいことは、「クレッツェル」と「ドゥンケル」、2種類の異なるタイプのワインが存在すること。前者は色の淡いロゼタイプで、同じエリアの赤品種で適度なミネラル感のあるスキアーヴァ（p44）とブレンドされることが多いです。地酒としてよく飲まれているのが、このブレンドです。軽やかでほどほどのタンニンがあり、ゲルマン圏のハムで燻製香の効いたシュペックや、品質の高いミルクを使ったチーズやクリームソース料理がよく合います。

トレンティーノ-アルト・アディジェ州

郷土料理

グーラッシュ

「アルト・アディジェのグーラッシュは、香辛料の使い方が特徴的です。香味野菜はマジョラム、ローリエと一緒にラルドでソテーし、牛ほほ肉はクミンを加えて煮込みます。仕上げにレモンピール、マジョラム、ローズマリーでフレッシュ感を加え、付け合わせにバターライスを添えました」

佐藤 護

そして、もう一つのタイプがドゥンケルです。ドイツ語では色調が暗い、濃いという意味。ひと昔前までは、樽がしっかりと効いてポリフェノールの荒々しさもある、濃さが前面に立ったワインでした。かつてはこういうタイプが海外マーケットでも人気だったのです。このドゥンケルに合わせていただきたいのが、グーラッシュというシチュー料理。東欧からドイツにかけても見られる郷土料理で、牛肉やパプリカを一緒に煮込んだ料理です。昔のドゥンケルは、グーラッシュぐらいの濃厚さがないと太刀打ちできないほどのパワフルなワインでした。しかし、時代とともに造りが洗練され、エレガントな品種として再注目されるようになってきました。今では、明らかに洗練されたタイプが優勢です。しなやかになった新生ラグレインは、煮込みやステーキにとどまらず、幅広い料理に順応できます。しかしたまには、少々粗野で濃厚なかつてのラグレインに、田舎っぽいグーテッシュで鄙びた気分を味わいたくなります。

テロルデゴ（赤）

「北の一等地から」

テロルデゴ・ロタリアーノ／フォラドーリ

遺伝子解析の技術が進化し、様々なブドウ品種のルーツが明らかになってきました。世界各国に伝播したブドウを辿れば、意外なブドウに行き着くこともあります。

テロルデゴは、イタリア最北端のトレンティーノ－アルト・アディジェ州のブドウですが、そのルーツは、日照量豊富な場所を好むシラー種に近いと言われます。

同州はドイツアルプスに近い寒冷エリアで、一般的に日照量は十分ではありません。しかし、テロルデゴが栽培されるトレンティーノ地方のロタリアーノ平野は、アディジェ川支流の扇状地にあります。日当たりも確保され、内陸にありながら暖かく乾燥した風が吹くフェーン現象の影響で、夏は気温も上がります。寒冷地で農作物の栽培が難しい北部では、大変稀少な場所なのです。ロタリアーノ平野は、昔から地価の高い土地で、テロルデゴの由来は〝チロル地方の金〟という説もあります。土壌は、アルプスの氷河により長い時間をかけて削られて運ばれ

トレンティーノ-アルト・アディジェ州

郷土料理

自家製ポレンタ入りパッパルデッレ 蝦夷鹿とポルチーニのラグー

仲田 睦
「12年間過ごしたトレンティーノ-アルト・アディジェ州は、一年中、主食といえばポレンタという土地柄。手打ちパスタやニョッキにもポレンタ粉を混ぜることが多々あります。赤ワインで煮込んだ鹿のラグーとポルチーニのソースは、深まりゆく北イタリアの秋から冬の味覚です」

た、〝モレイ〟と呼ばれる堆積土壌でミネラルが豊富、砂利が多く水はけもよいのでブドウ栽培には理想的です。こうした恵まれた要素に品種元来の性質が加わり、寒冷地でもしっかりとした色づきのあるフルボディワインが、テロルデゴです。

実は、このブドウのポテンシャルを評価したのは、フランスの有名レストランでした。1980年代、パリのタイユヴァンは、フォラドーリ社の〝テロルデゴ・グラナート〟をオンリストし、イタリア国内でも再評価のきっかけとなりました。当時イタリア国内では、テロルデゴは、最北地の無名な赤ワインと考えられていたのです。

このブドウが再評価されたのは、力強さの奥にあるエレガンスさでした。そして、これこそがテロルデゴの本質。ミネラル感、スパイスの風味やラズベリーの香りがあり、複雑性を備えてしっかり熟成できる。冬はこの地方のジビエ料理などと合わせると本領を発揮します。

モスカート・ローザ（ロゼ）

「赤、白、黄色の赤の話」

アルト・アディジェ・モスカート・ローザ／カステル・ザレッグ

イタリア各地には、同じ品種が別々の場所に土着化し、それぞれが確固とした個性を備えて独自の土着品種となったブドウがあります。今回はそんなブドウの一つ、モスカート・ローザを取り上げます。

モスカート種で一番馴染みがあるのは、モスカート・ビアンコ（p28）という白品種。代表的なワインはピエモンテ州のモスカート・ダスティです。気軽な微発泡ワインとしてよく知られ、明瞭な甘いアロマが特色です。同じ白品種でも、果皮の黄色いものは、モスカート・ジャッロという別品種で、ビアンコと比較して生産量は少ない。トレンティーノ-アルト・アディジェ州の一部で栽培されていますが、こちらは辛口に仕上げられることもあり、甘い香りとのギャップがユニークなワインになります。

さて、モスカート・ローザです。赤品種のモスカートで、アルト・アディジェ地方のごくごく一部で栽培されています。この品種はシチリアから渡ってきたことが「カステル・ザレッグ」

トレンティーノ-アルト・アディジェ州

郷土料理

りんごのストゥルーデル

高師宏明

「ストゥルーデルは、強力粉とぬるま湯、サラダ油を混ぜ合わせ、練って叩きつけてよくのびるようにした生地を〝新聞の字が読めるくらい〟薄く手でのばすことがポイントです。溶かしバターを塗って砕いたビスケットを散らし、生のりんごを巻き上げて焼くと独特の食感が生まれます」

というワイナリーに記録されています。南の品種がアルプスの麓で育つのは不思議かもしれませんが、畑はカルダロ湖畔の丘陵地帯にあり、湖からの暖かい風とドロミテ渓谷からの冷涼な風、昼夜の寒暖差がブドウ栽培に適しています。

モスカート・ローザは、シチリア式にデザートワインの伝統が守られ、知る人ぞ知る瞑想ワインです。生産を拡大することも消滅することもなく、粛々とアルト・アディジェ地方で飲み続けられてきました。ゲヴェルツトラミネルやソーヴィニヨンなど、アロマティック品種が豊富な地ですが、この品種に顕著なローズ香、ライチや紅茶のようなニュアンスは、常に一定の人々を魅了してきたのでしょう。単体で味わうのもよいのですが、アッビナメントは、同地方のストゥルーデル（りんごのペストリー）がマストと思います。合わせてみれば納得。ハプスブルク王朝時代から食べ継がれてきた菓子とワインの、歴史的趣ある組み合わせです。

マルツェミーノ（赤）

「オペラファンには、有名です」

ポイエーマ／ローズィ・エウジェニオ

モーツァルトの代表的な歌曲「ドン・ジョヴァンニ」の第2幕13場に、〝Versa il vino! Eccellente Marzemino!（ワインを注げ！　最高のマルツェミーノを！）〟という台詞があります。マルツェミーノは、ヴェネト州とその北のトレンティーノを中心に東はフリウリ、西はロンバルディア、南はエミリア－ロマーニャに伝播した赤品種です。決してメジャーなブドウではないのですが、オペラやモーツァルトファンには知られたワインです。

　モーツァルトが生きたのは18世紀。マルツェミーノはパッシート（ブドウを半陰干しにして造る甘口ワイン）にするのが一般的でした。現代ではスティルワインとして辛口醸造されるようになりましたが、果皮が厚く、ポリフェノールも高く、青っぽさのあるブドウは、パッシートにするとバランスを取りやすいのです。ヴェネト州ではパッシートの文化が今に継続され、コッリ・ディ・コネリアーノ・レフロントロ・パッシートはＤＯＣＧに登録されています。

　一方、ヴェネト州よりも北のトレンティーノ

トレンティーノ-アルト・アディジェ州

郷土料理

ポレンタ・コン・フンギ

北村征博

「アルト・アディジェは避暑地として夏も過ごしやすい気候で、一年中ポレンタが食卓に登場します。初めに塩と水で味を決めたところへポレンタ粉を加え混ぜ、しっかり沸いた湯で湯煎して蓋をし、時々かき混ぜながら2時間ほど炊くと甘みが出てくる。粗挽きと細挽きを混ぜると奥行きが出ます」

では、パッシートよりスティルワインとして醸造されることが多くなります。また、トレンティーノのテロルデゴ（p50）という赤品種はマルツェミーノが土着化したとも。さらに北のアルト・アディジェ地方のラグレイン（p48）という品種もまたしかり。この3品種は、DNA上ほぼ同じであることが証明されました。共通点はハーブとスパイス香に、強いボタニカルフレーバー。風味があるけれど、爪痕は残さないタイプ。ピノ・ノワールが好きな人には、まず受けないフレーバーです（笑）。

3つの中ではマルツェミーノが一番マイルドですが、それでもアーティチョークやよもぎなど個性的なフレーバーも含むので、出し方には要注意です。食事の最初に出そうものなら嫌われてしまう。こういう個性的なワインを、何どのタイミングで提供するかはソムリエの醍醐味。僕ならば、プリモピアットで、ヴェネトの白いポレンタに白ワインとブロードでしっかり煮込んだきのこをのせて。マルツェミーノの一癖が、かえっていいんです。

フリウラーノ（白）

「歴史に翻弄された、白ワインの聖地」

コッリオ・フリウラーノ／ロンコ・ディ・タッシ

州都トリエステは、ハプスブルク王朝の港湾都市として重責を担いました。立ち並ぶオーストリア様式の建物が、その出自を物語っています。歴史的には悲劇の土地。１８６１年、イタリア統一当時、ヴェネツィア・ジューリア地方はオーストリア－ハンガリー帝国に属し、その後イタリアとの間で激しい争奪戦が繰り広げられました。

トリエステのワインも料理も、ハプスブルク王朝や中央ヨーロッパの影響を抜きには語れませんが、特筆すべきは白ワインのレベルの高さです。ローマ時代から名声を博した白ワイン産地。近年は、醸し系白ワインの先駆者を多く生み、また、国際品種のソーヴィニヨンの産地としても再注目されています。そしてこの地方で地元消費量ナンバーワンの白品種がフリウラーノです。土地を代表するブドウですが、ちょっと損していると思います。同州のブドウ畑は海に近く、ボーラというバルカン半島から吹く強風の影響で果実は糖度を上げ、エキゾチックな

フリウリ-ヴェネツィア・ジューリア州

郷土料理

フリコ

（じゃが芋とチーズのおやき）

田中祥貴

「働いていた店のシェフのお母さんの味。生のじゃが芋を半分すりおろし、半分角切りにしてモンタージオを混ぜ、ゆっくり両面を焼き、芋の甘みを引き出します。リコッタ・アフミカータを削って」

芳香を発します。苦みも伴うので、ややもすると白なのにボリューミーでアルコール度数が高いワインと思われてしまうのです。同じ州の白品種にリボッラ・ジャッラ（p64）がありますが、こちらは果皮が持つ香りとフェノール分に富み、熟成して偉大なワインになります。よって、飲み手は早飲みタイプのフリウラーノよりもリボッラ・ジャッラに目が行きがちです。

でも、フリウラーノにももっと注目してほしいと思います。ちょっと朴訥に感じられるこの品種は、この地方の重量系郷土料理に合わせると、いい塩梅です。たとえばフリコ。じゃが芋とモンタージオという山のチーズをすりおろして一緒に焼いた、北イタリアのお好み焼きのような料理。ちょっと焦げたカリカリもおいしい。シンプルゆえ食べ飽きそうなところに、フリウラーノのエキゾチックな香りとアルコール感がはまります。

土地の中にある黄金の組み合わせへの気づき。これぞ土着品種を追う醍醐味です。

スキオッペッティーノ（赤）

「惑わすような誘い」

スキオッペッティーノ／ヴィニャイ・ダ・ドゥリネ

土着品種ワインが好きな人々を驚喜させる州のひとつは、間違いなくフリウリ-ヴェネツィア・ジューリア州でしょう。同州は、フリウリ地方とヴェネツィア・ジューリア地方に分かれますが、良質なワイン産地はスロヴェニアと接する東のフリウリ地方の丘陵地帯とその周辺に集中しています。東欧のエキゾチックな様相のあるワインは歴史上、食文化上、隣国のオーストリアやスロヴェニアと深い関わりがあり、政治上の国境線はあっても食文化上の線は曖昧です。

フリウリといえば白の高級品種が有名ですが、赤にもすばらしい品種があります。その一つがスキオッペッティーノです。語源はスコッピアーレ（爆発する）からきているそうです。爆発というと強烈な感じですが、惑わすというほうが的確な気がします。

ブラックベリー、ブルーベリー、カシスなどベリー系の香りが豊富で、加えてスパイスの香り、白檀（びゃくだん）のような香りもあります。その複雑でめくるめくような香りは、「飲んでいいのかな」

フリウリ-ヴェネツィア・ジューリア州

郷土料理

チャルソンス

渾川 知

「オーストリアとの国境近く、カルニア地方の郷土パスタです。じゃが芋を蒸して漉したものに、玉ねぎ風味のバターとパルミジャーノ、シナモン、砂糖、塩、干しブドウ、ミントを混ぜて詰め物に。仕上げにシナモン、リコッタ・アフミカータを削り、焦がしバターをたっぷりかけます」

というためらいを感じさせるほどですが、口に含むと極めてスムースというギャップも個性的です。

　スキオッペッティーノの良質なものは、コッリ・オリエンターリ・デル・フリウリというエリアで栽培されています。ここの土壌はポンカという石混じりの白い粘土の塊を含み、ワインはミネラリーで複雑、余韻が長くなるという特性があります。特にプレポットというスロヴェニアとの国境にある小さな集落は最高に条件のよい場所と言われています。約20の生産者が「スキオッペッティーノ・ディ・プレポット」を名乗り、他のスキオッペッティーノと差別化する活動を始めました。スキオッペッティーノは樽の使い方もだんだん優しくなって、ナチュラルなスパイシーさとフラワリーな特質の両面を追求し、ますます魅惑的になっているように思います。料理に合わせるならば、スパイスを使った料理やジビエでしょうか。フリウリで最も印象に残る赤ワインとして記憶にとどめられたワインです。

ヴィトフスカ（白）

「カルスト台地にボーラが吹いて」

ヴィトフスカ／ヴィダリッヒ

小学校の社会科授業で習いましたよね、カルスト台地。この語源になったのが、スロヴェニアの西南部からイタリアの北東部にかけての石灰岩地形です。イタリア側では、フリウリ-ヴェネツィア・ジューリア州の州都、トリエステ近くのカルソという細長くバルカン半島に迫り出した土地です。イタリア語では、カルストがカルソとなります。ここにヴィトフスカというブドウがあります。

カルソのワイナリーを訪れると、最初に連れて行かれたのが農機具庫でした。そこには大型の掘削機やショベルカーが納められていました。カルソの土壌は、50㎝ほどの表土の下が頑強な岩盤で、石灰岩起源の風化残留土壌（テラロッサ）です。この頑強な岩盤の割れ目に時間をかけてブドウは根を張るのですが、栽培は著しく困難です。そこで、一部の生産者たちは表土を剝がし、その下の岩盤を砕いて砂を混ぜてからブドウを植えます。人の手ではおおよそ開墾不能。それを伝えるために、まずは農機具庫、なのです。

フリウリ-ヴェネツィア・ジューリア州

郷土料理

ヨータ

小西達也

「豆、クラウティ、豚加工品、ポレンタと保存の利く食材で作る食べ応えのあるスープです。豆を豚皮と共に茹でておき、別鍋でラルド、ハーブを炒めて豆の茹で汁を加えたら、燻製のパンチェッタ、クラウティ、ポレンタを加えて煮込み、最後に豆を加えて仕上げます」

大型機械はお金がかかりますから、カルソの生産者たちは協力して共同で機材を使い回すことも多いです。機械代も入りますから、自ずと高級ワインに。しかし、その甲斐ある、ミネラルの申し子のような個性溢れる秀逸なワインが出来るのです。

もうひとつ、ヴィトフスカに特長を与えるのが、ボーラという突風です。冬、北東のアルプス山脈から吹く強い風は、ブドウには過酷ですが、おかげで虫がつかず、健全に育ちます。海に面した風当たりの強い畑で、ブドウは果皮を厚くして実を守り、味わいも凝縮します。厳しい風土に適応したヴィトフスカは、フリウリからイメージするアロマティックな白ではなく、ハードなミネラルと複雑な凝縮感があります。赤ワインに負けないボディがあり、牛肉に合わせるのもおすすめです。が、この地方の料理なら、豆と豚の脂とクラウティ（キャベツの塩漬け）のスープ、ヨータがベストマッチ。厳しい気候が奏でる唯一無二のアッビナメントです。

ピコリット（白甘口）

「瞑想への誘い」

コッリ・オリエンターリ・デル・フリウリ・ピコリット／ロンコ・デッレ・ベトゥッレ

1980～90年代、甘口ワイン全盛の時代がありました。ミシュランガイドの影響で、レストランのコースの最後にデザートワインを楽しむ流れが定着したのです。ワールドクラスの三ツ星レストランでは、甘口ワインの格式として、ソーテルヌやトカイワインを供することが多かったのですが、それらと肩を並べるイタリアの甘口ワインがピコリットでした。

ピコリットの歴史は古く、ヴェネツィア共和国が栄えた都市国家の時代から、フリウリ地方のゴリツィア、ウーディネの限られた地域で栽培されてきました。非常に特殊な品種で、結実が悪く、粒も小さく、小粒の実がスカスカについている様子は、鳥が食べてしまったような淋しい様相です。しかし、甘口ワインとして醸造されると高貴な魅力を発揮することで当時から評判のブドウでした。同じイタリアの有名な甘口ワイン、モスカート・ビアンコのようなわかりやすいアロマはないのですが、アーモンド、桃、栗、野の花のような可憐で複雑な感じがあり、線が細く、すーっと引き込まれるような香

フリウリ-ヴェネツィア・ジューリア州

郷土料理

フリウリ風りんごのタルト

藤田統三

「イタリアの伝統菓子は、甘みに砂糖ではなくドライフルーツを使ったものが多くあります。フリウリの伝統菓子〝グバーナ〟も発酵生地にレーズンとナッツをペーストにして巻き込み焼いたもの。そのペーストをパイ生地に敷き、りんごをのせて焼きました。ナッツの香ばしさがいいでしょ？」

りの奥行きがあります。そのため、瞑想ワインと呼ばれることも。実は、造り方によっても印象は異なります。ブドウを陰干ししたり、樽熟成すれば飲みごたえが出て、わかりやすいおいしさに近づきます。こちらの造り方に移行した時代もありました。でも、僕のおすすめは、樽香をなるべくつけず、繊細さを生かしたタイプです。色も淡く、アロマも大変デリケートですが、この品種が持つ高貴さが、発揮されるように思います。

そして、この高貴なピコリットを伝え続けた人物として、ぜひ記しておきたい人がいます。ジョセッピーナ・ペルシーニ・アントニーニ。今は亡き女性ですが、夭折した旦那さんの畑と遺志を引き継ぎ、すばらしいピコリットを継承して、フリウリの伝説と言われた人物です。彼女の造ったような繊細なピコリットには、瞑想に相応しい環境が一番のアッビナメントかもしれません。もしお供にするとすれば、品のあるアーモンドの焼き菓子などがおすすめです。

リボッラ・ジャッラ（白）

「醸しても、醸さなくても」

コッリオ・リボッラ・ジャッラ／テルチッチ

リボッラ・ジャッラはフリウリ地方で栽培されてきた古い品種で、その歴史は700年に及びます。昔は、ダミジャーノというフラスコ型の大きなガラス瓶でワインを熟成、貯蔵していたのですが、リボッラ・ジャッラは、色が黄色く、果汁を煮詰めたような色になることから「リボッラ（煮立った）」「ジャッラ（黄色い）」という名前になったとか。お隣のスロヴェニアでは「レブラ」という名で栽培されています。

繊細で栽培が難しく稀少性の高いブドウで、栽培エリアは限られます。一つは、スロヴェニアと国境を接するコッリオ、もう一つはコッリオの北側、コッリ・オリエンターリ・デル・フリウリです。両地域を比較すると、コッリオの方がミネラルに富み、風当たりが強くてブドウの果皮も厚くなるため、醸造の時に果皮を長く漬け込んで（マセレーション）造る生産者もいます。

日本ではマセレーションの長い、黄色を越えてオレンジ色に醸されたものがマニアの間で人

フリウリ-ヴェネツィア・ジューリア州

郷土料理

マテ貝としゃこのグラド風 白ポレンタ添え

伊沢浩久

「フリウリの人たちは白ポレンタを本当によく食べる。この料理は〝ボレット〟という、酢とこしょうをたっぷり効かせた魚介の煮込みで、ポレンタとの相性は抜群。にんにくをしっかり炒めて魚介を加え、たっぷりの白ワインと水、こしょう、フレッシュローリエなどと煮込みます」

気ですが、現地に行ってみると、地洒としては長期の醸しは行わないものが多いようです。というのは、元来酸がしっかりして硬質で、食中酒として力のあるワインだからです。りんどうや白いバラ、アカシアなど春の花のイメージに、洋なしなどのフルーツ香、ミネラル感、レモンの皮など柑橘類のニュアンスがあります。魚介類との相性が非常によく、白身魚のカルパッチョや、ミネラル感に合わせるなら甲殻類がおすすめです。

また、長期マセレーションタイプなら、しっかりと調味した魚料理や肉料理との相性がよい。例えばオマール海老のロースト、肉ならば七面鳥のローストなど。和食の焼きたてや牡蠣も合います。長期マセレーションが日本人に好まれるのは、こうした甲殻類で味付けのしっかりした酒の肴が豊富だからかもしれません。醸しても醸さなくても、どちらのリボッラ・ジャッラもありですよ。

ピニョーロ（赤）

「高貴さしかない」

フリウリ・コッリ・オリエンターリ・ピニョーロ／ドリゴ

もともと素晴らしいワインができてしまう土地、その選ばれし土地の一つがコッリ・オリエンターリ・デル・フリウリでしょう。白ワインの銘醸地として知られるフリウリは生産の70％が白ワイン。しかし、コッリ・オリエンターリ・デル・フリウリは、白品種も赤品種も、国際品種も土着品種も揃い踏み、その全てが高品質という夢のような土地です。そして、中枢部のロサッツォという場所に限定して育つのがピニョーロです。半円形の劇場形ブドウ畑は東側に突き出し、日照、海風に恵まれています。11世紀の記録からは、この品種が修道院でのみ育てられ、ごく一部の人々だけが味わえた特別なワインであったことがわかります。

タンニンが豊かで長期熟成できるこのワインは、時間とともにパワフルなタンニンがしなやかさをたたえ、甘草や黒こしょう、なめし皮のような魅惑的フレーバーと長い余韻で人々を魅了しました。そこには、高貴さしかありません。

しかし、１８６３年以降、この品種はフィロキセラ（害虫）禍に遭いほぼ絶滅の危機を迎え

フリウリ-ヴェネツィア・ジューリア州

郷土料理

蝦夷鹿のロースト 黒すぐりのソース 白菜のロースト添え

伊藤延吉

「蝦夷鹿は自身の脂で表面を焼き、90℃のオーブンでじんわり火を入れ、最後に高温の鉄板で仕上げます。蝦夷鹿の脂の甘みに黒すぐりのソース、白菜とトリュフのローストは冬山をイメージして」

ます。そして約100年後、奇跡的にロサッツォの修道院に残っていたピニョーロの木が発見され、ワルテル・フィリプッティという人物が継承します。彼の献身的な努力と接ぎ木技術のおかげで、ピニョーロは後世に命を繋ぎとめました。ピニョーロの父と呼ばれる人物ですが、僕は伝記があって然るべき功績と思います。

ピニョーロがフリウリの土着品種として認められたのは1978年。1980年代に復興してイタリア国内外の知るところとなりますが、稀少性を保ったままなのは、難しい品種で、挑戦意欲のある人を選ぶからです。僕は、修道院で造られたピニョーロを現地で味わい、心奪われました。他の品種とブレンドしてしまうと個性を失うので、単一品種で造られることがほとんどです。地元では、この辺りでよく食されるガチョウのハムやジビエと合わせることが多いのですが、食材や料理も、ピニョーロの高貴さと釣り合うことが求められると思います。

ガルガーネガ（白）

「ふたつの顔をもつソアーヴェ」

ソアーヴェ・クラシコ／カンティーナ・デル・カステッロ

干潟の上に奇跡のように浮かぶ都市、ヴェネツィア。ここでは今も住民の足として舟が健在で、水路が複雑に入り組んだ街は迷路のようです。そして、迷路に迷い込むように歩けば、あちらにもこちらにも楽しそうな酒場。バーカロというヴェネツィア特有のバールは、朝からオンブラと呼ばれるグラスワインを傾ける人々で賑わっています。銘柄もなく、赤、白という漠としたグラスワインに、これまたヴェネツィア特有のチケーティという酒のアテをちょこちょこ合わせて一杯、二杯。この土地らしい魚介類のつまみによく合う白ワインなら、ピノ・グリージョかソアーヴェが定番です。こういう場所で飲むワインは、ちょっとシャビシャビしているくらいが丁度いい。その代表格がソアーヴェでしょう。軽くて適度にミネラルがありスイスイ飲める。日常酒として極めて優秀。その主要品種が、ガルガーネガです。

ソアーヴェにはもう一つの顔があります。それがレストランでヴェネト代表としてラインナッ

ヴェネト州

郷土料理

いか墨のリゾット

高塚 良

「いか墨のソースは、ヴェネトの中でもヴェネツィアなど海沿いの地域でポピュラー。トマトソースやラグー感覚で大鍋で作り、パスタやリゾットに絡めて一年中登場します」

プされる、同州の一部の熱き造り手によって見事にイメージチェンジを果たした銘醸タイプです。畑を厳選し、収量を抑え、凝縮した果実味とパワフルなミネラル感を示してみせたソアーヴェは、これまで与えられていた大衆酒の評価を大きく塗り替えました。ピエロパンやイナマなどの造り手の功績は大きいでしょう。ソアーヴェの復活劇は、同時にガルガーネガというブドウの再評価につながりました。醜いアヒルの子は白鳥だったという、ワイン界のシンデレラストーリーです。

僕はガルガーネガに光が当たったことを喜びつつも、この品種の魅力は、やはり日常の酒としての秀逸さにあると思います。ヴェネツィアへ行ったらついつい食べたくなるいか墨のリゾット、バッカラ、グランキオ（蟹）、これらによく合うのは素っ気ないソアーヴェです。そのさり気なさが料理を引き立て、「あの時ヴェネツィアで食べた、いか墨のリゾットが最高だった」という忘れがたい記憶を生むのですから。

コルヴィーナ（赤）

「イタリア一、酒飲み州のブドウ」

ヴァルポリチェッラ・クラシコ〝ボナコスタ〞／マァジ

ワインの国際見本市、ヴィニタリーの開催地はヴェネト州ヴェローナ。ロミオとジュリエットの悲恋物語誕生の地は、イタリア随一の生産量と消費量を誇るワインの都です。ヴェローナはとりわけ酒場が多い。街の人々は、集まって飲むのが大好きです。ここにはワインを歓迎している磁場があると思います。この州のフラッグシップワインがアマローネ。ブドウの糖度をあげるために陰干し（アッパッシメント）します。厳選したブドウで造るため、生産量の限られる高級ワインです。地元の人々も特別な日にしか飲めません。アマローネの主要品種は、同州の固有黒ブドウでもっとも生産量の多いコルヴィーナです。平地でも栽培できる収量の多いブドウなのですが、このブドウをフレンドリーに醸造しているのがヴァルポリチェッラ。地元民にとっての日常酒です。日常酒がすばらしいのは、あらゆる料理に対して万能なところ。ヴェローナで白ワインと言えばソアーヴェ（p72）やクストーツァ、赤ワインと言えばヴァ

ヴェネト州

郷土料理

ヴェネツィア風仔牛レバーのソテー

小清水良彦

「新鮮な仔牛レバーに粉をまぶしてオリーブ油でソテー。必ず玉ねぎも一緒に炒めます。白ワインと牛のだし、最後にバターを加え、白ポレンタを添えて食べるのがヴェネトの定番です」

ルポリチェッラなどと地酒の飲み分けも可能です。

その中でも「郷に入れば郷に従え」を教えてくれたのは忘れもしない、ヴェネト名物のレバー料理です。仔牛のレバーと玉ねぎを炒め、ポレンタが添えられていました。重いワインでいきたいところを、周囲の人々に倣ってヴァルポリチェッラと合わせてみたのです。結果、レバーの香りを隠さず、こんなに上品に食べられるのかと。レバー料理が初めておいしく感じられた瞬間でした。ヴェネト料理はレバーしかり、バッカラしかり、旨いけど臭い、みたいなのが多い。これらをエレガントに食べさせてくれる。同じコルヴィーナ主体なのにアマローネとは対極の性格で没個性的なワイン。青々しい硬さはなく、かわいらしいヴァルポリチェッラはとにかく食事がすすみます。「勉強したくなるワインと飲みたくなるワインは違う」。そんなメッセージを届けてくれたのがこのワインです。

グレーラ（白泡）

「人気ワインのジレンマ」

ヴァルドッビアーデネ・プロセッコ・スペリオーレ〝プリモ・フランコ〟／ニーノ・フランコ

世界的に人気のスパークリングワイン、プロセッコは、ヴェネト州からフリウリ地方にかけて栽培されてきたブドウ品種の名前でした。プロセッコ種は、アロマ豊かなブドウで、これを生かすのに用いられたのが、二次発酵を耐圧密閉タンクで行うシャルマー方式です。スパークリングワインの格ある醸造法は、手間暇のかかる瓶内二次発酵ですが、プロセッコの場合、この方法ではアロマが酵母に負けて本来の持ち味が出ないことが多いのです。

結果、プロセッコは気軽に飲めるスパークリングワインとして、マスマーケットの支持を得ます。熟成期間を要さず、ストックスペースも必要なし。やがて、大量生産に好都合とみた他の州や海外でも栽培され、それらすべてがプロセッコとして流通するようになりました。

２００９年、元来のプロセッコの産地は大きな決断をします。歴史的産地コネリアーノ・ヴァルドッビアーデネ・プロセッコ等と、周辺及びフリウリ地方でプロセッコを生産していた地域、両地域以外がプロセッコを名乗ることを

ヴェネト州

郷土料理

オリーブオイルとマンダリーノのジェラート

茂垣綾介

「ジェラートはシンプルな食べ物。まずは素材があって、その素材をどう扱うかでジェラートの食感や味わいは全く変わります。でも難しいことを考えず、気軽に食べられるのがジェラートのよさ。イタリアと同じく夜遅くまで営業し、ささやかな幸せを感じてもらえたらと思っています」

禁じたのです。そして、ブドウ品種名としてプロセッコの別称グレーラの表示を義務づけました。プロセッコを本来の土地のワインとして守ることにしたのです。

プロセッコは、地元でも日常酒として支持されてきた地酒です。意外と知られていないのですが、やや甘めのエクストラドライと辛口のブリュットの2タイプがあり、前者が地元向け、後者が輸出用に造られてきた歴史があります。食事の前に軽く飲むアペリティーヴォでは、エクストラドライとモルタデッラや生ハム、パニーノなどをつまむのが地元流。軽い食事に、少し甘さのある泡が疲れなくて心地よいのです。

僕にとってプロセッコは、店で提供するより家などで気軽に飲むワイン。バニラアイスのお供に、エクストラドライを自宅で合わせてみたら、これが結構いける。そんな時に、プロセッコの「らしさ」を感じます。この「らしさ」がワインの格付けで曇らないとよいな、とふと思ったりするわけです。

ヴェスパイオーラ（白）

「春のホワイトアスパラガスと」

ヴェスパイオーロ／マクラン

最初に断っておきますと、土着品種の中でもかなりマイナー品種です。でも、この類いが突然脚光を浴びるケースも多々あるので、うかうかはできません。そんな気持ちもあって、紹介しておきたいと思います。

ワインの生産量がイタリア一のヴェネト州は、平地から北方のアルプスに至るまで、標高ごとに品種の異なるブドウ畑が層のように広がっています。ヴェスパイオーラは、ちょうど山の始まる辺り、ブレガンツェという地域で栽培されている白品種です。ご近所には、ホワイトアスパラガスとグラッパで有名なバッサーノ・デル・グラッパがあります。

公式記録では１８２５年。ヴェスパイオーラは甘口ワインとして醸造されていました。熟すととても甘い香りを発し、その香りにスズメバチ（ヴェスパ）が群がることから、ヴェスパイオーラの名がついたそうです。甘口醸造の歴史は続き、その名声を現代に高めたのがマクランという生産者です。収穫したブドウの枝を撚って縄

ヴェネト州

郷土料理

白アスパラガスのバッサーノ風

小西達也
「イタリアの中でもバッサーノ・デル・グラッパのホワイトアスパラガスは、最高品質として知られています。甘みだけでなくほのかな苦みやえぐみもあり、シンプルに塩茹でして、潰した半熟卵にオイルと白ワインビネガーを加えたソースで食べるのが、最もポピュラーな食べ方です」

状に編み、天井から吊るして乾燥させて糖度や味わいを凝縮させる手法はトルコラートと呼ばれ、ヴェスパイオーラの代名詞となりました。しかし、1980年代の甘口ワイン全盛時代を過ぎると、ヴェスパイオーラにも方向転換の時期が訪れます。今度は辛口に醸造されたヴェスパイオーラが、食中酒として個性を発揮することになります。元々しっかりとした酸があり、ドライフラワーのような香りにハチミツ香あり。結構な個性ですが、これが春の苦み野菜との相性が実によい。春の苦み野菜といえば、ホワイトアスパラガスです。春野菜のえぐみが、ヴェスパイオーラと合わせると、旨みが強く感じられます。粘性はなく、後味もスッキリしているので、ますます野菜向き。ホワイトアスパラガスは、日本の桜前線のように、ヨーロッパの人たちが心待ちにする春告げ野菜です。日本の春の味覚にも、ホワイトアスパラガスとヴェスパイオーラが加わってほしいです。

ドゥレッラ（白泡）

「土着品種のスプマンテの先陣」

レッシーニ・ドゥレッロ・ブリュット／フォンガロ

土着品種ブドウのスパークリングワイン（スプマンテ）が、面白くなってきました。世界的にスパークリングワインが好調ですが、品種はシャルドネとピノ・ノワールが中心。スパークリングワインに向く酸の高い品種は、世界的には限られています。しかし、イタリアには、この2種類以外にも酸の高い品種はたくさんある！

これまでも試験的に土着品種のスプマンテに挑戦する生産者はいたのですが、土着品種ブドウの市場が成熟したのを受けて、本腰を入れる生産者が増えました。今回は、そのブームに関係なく以前からスプマンテに取り組んできた地域、ヴェローナからヴィチェンツァにかけてのモンテ・レッシーニのお話です。

このエリアは冷涼な丘陵地域で、イタリアでは数少ない、スプマンテに限定したレッシーニ・ドゥレッロがDOC認定を受けています。規定ではドゥレッラという非常に酸の高い品種の85％以上の使用が義務化されています。別途モンテ・レッシーニというドゥレッラ使用のスティ

ヴェネト州

郷土料理

バッカラ・アッラ・ヴィチェンティーナ

石濵一則

「バッカラ（干し鱈）はヴェネツィア料理に欠かせない食材。修業した店でもほぼ毎日この料理を作っていました。もどした干し鱈のフィレに玉ねぎとアンチョビー入りベシャメルソースをかけ、グラナパダーノを振って蓋をしてオーブンで焼き上げる。クリスマスにも欠かせない一品です」

ルワインも同エリアのDOCですが、スプマンテをあえて別のDOCとしたことに地域の矜持を感じます。

ヴェネト州のスプマンテ宣伝部長、プロセッコに比べると、ドゥレッラの生産量は非常に少なくタイプも違います。プロセッコは、セミアロマティックであまり発酵期間をかけないものが主流です。一方のドゥレッラは瓶内二次発酵を行う場合も多く、ドゥレッラ100％で36ヵ月以上の瓶内二次発酵、リゼルヴァタイプを造る生産者も存在します。初めてドゥレッラのスプマンテを飲んだのは、2001年頃のヴィチェンツァのトラットリアでした。こんなにクオリティの高い地酒が、ワインの都であるヴェローナの近くにひっそりと存在していたのかと、驚きと喜びを感じました。

イタリアの土着品種のスプマンテは、これからも増えると思いますが（2019年時点）、先陣を切り、今もすばらしいスプマンテを届けてくれるドゥレッラに敬意を表したいのです。

ピガート（白）

「ちょっと嬉しい日の白」

リヴィエラ・リーグレ・ディ・ポネンテ・ピガート／プンタ・クレーナ

リグーリア州の州都ジェノヴァは、かつて港湾都市として栄えました。ジェノヴァを基点に、しなうような弓形の地形を成すこの州は、フランス寄りの西側をポネンテ、東側をレヴァンテと呼びます。ジェノヴァから海沿いに南へ進めば、ポルトフィーノやポルトヴェネレといったイタリアの華やかなリゾートが続き、逆にジェノヴァを西に進むと、南仏のモナコやニースへ。ポネンテの海の美しさは、イタリアの中でも特筆に値します。イタリア北部でも地中海の恩恵を受け、温暖なリグーリアでは、オリーブやハーブも育ち、日本でも市民権を得たジェノヴェーゼソースが土地のシンボルです。

温暖な土地ですが、ブドウ栽培は大変です。なぜならこの辺りは、海からすぐに切り立った崖となり、農地に向く平地が少ないからです。ゾクゾクするような急斜面の段々畑に植えられたブドウ。農作業はとてつもない重労働です。

ここでは、ポネンテの一部で作られている白

リグーリア州

郷土料理

リングイーネ・アッラ・ジェノヴェーゼ

西口大輔
「バジルの香りが命のパスタなので、必ずソースは作りたてであること、常温のソースに茹で上がったパスタを絡めることがポイントです。オリーブオイルはまろやかなリグーリア産を」

ワイン品種、ピガートを紹介したいと思います。地酒として楽しまれているワイン優先ということの本の趣旨からすれば、紹介すべきはヴェルメンティーノなのですが、あえてピガートを選んだのは、先に触れたジェノヴェーゼとの相性を知っていただきたいから。

ピガートは、お手軽なワインではありません。生産量が限られ、イタリア人にとってもちょっと特別な日のワインです。アルコール感があり、フラワリーで少し硬い感じが、ジェノヴェーゼによく合います。日本では、具材が入っていないパスタは、あまりリッチな印象を持たれないようです。しかし、ジェノヴェーゼは贅沢なソースだと僕は思います。バジルの一番おいしい限られた時期に、乳鉢を使って丁寧に作られたペーストは驚くような香り高さと奥行きある味わい。ソースがしっかり絡むパスタはリングイーネです。由緒正しきジェノヴェーゼをピガートと。これぞイタリア的贅沢！

ロッセーゼ（赤）

「ドルチェアックアに誘われて」

ロッセーゼ・ディ・ドルチェアックア・スペリオーレ〝ポゾ〟／マッカリオ・ドリンゲンベルグ

イタリアとフランスをつなぐリヴィエラ海岸にはザ・地中海な雰囲気が漂います。ここは穏やかで美しい海の景観があり、一年中陽光に恵まれた人気観光地です。音楽祭で有名なサンレモもリヴィエラ海岸沿いの街のひとつ。北イタリアであることを忘れたように、レモンやオレンジがたわわに実り、オリーブオイルの生産もさかんです。イタリアからフランスに向かって、かわいらしい港町が続きますが、僕が昔から気になっていたのが、フランスとの国境に至極近い場所にあるドルチェアックアという村でした。

ドルチェアックアとは〝甘い水〟です。なんとも芳しい響き、まさに〝甘い水〟に誘われて、僕は現地に向かいました。果たして水は甘かったのでしょうか？　残念ながら、ごくごく普通の水でした。しかし、その代わりに発見がありました。ロッセーゼ・ディ・ドルチェアックアという赤ワインです。

リグーリア州は、州全体としては白品種が多

リグーリア州

篠田雅弘

「東西に長いリグーリアの中でも西側の、山岳地方の料理です。骨ごとぶつ切りにしたうさぎをソテーして、白ワインとソフリット、タジャスカオリーブ、ローズマリー、ローリエ、生のじゃが芋と一緒に煮込みます。じゃが芋が肉の旨みを吸って渾然一体となった頃が食べ頃です」

く、赤品種のロッセーゼは、西側に多い赤の土着品種で稀少です。一般的に色調は薄く、味も抑制が利いています。香りはいちご、バラ、すみれ、ミントのようなハーブ香もあり、チャーミングで軽やかなタイプが定番です。少し冷やして飲むのも心地よく、海辺にぴったりです。

しかし、ドルチェアックアのロッセーゼはひと味違います。ここはロッセーゼにとっては特別な場所。ネルヴィアの渓流に沿って開けたドルチェアックアは、石灰岩を含む砂質、粘度、泥灰土で水はけがよく、ミネラル豊富な土壌です。その結果、リグーリア州の他で育つロッセーゼよりも力強く、ミネラル分もしっかり感じ取ることができるワインとなり熟成も可能です。ロッセーゼに少し物足りない印象を持っている方でも、ドルチェアックア産ならば満足していただけるでしょう。その力強さを祝して、肉料理と合わせてみましょうか。現地ではセオリーです。リグーリアの郷土が薫る料理と一緒にどうぞ。

ヴェルメンティーノ（白）

「ほどほど感がいい」

リヴィエラ・リーグレ・ディ・ポネンテ・ヴェルメンティーノ／ラモイーノ

ヴェルメンティーノは、三方を海に囲まれたイタリア半島の西、ティレニア海側のブドウです。主要産地はサルデーニャ島、トスカーナ州、そしてリグーリア州。付け加えておきたいのが、フランス領ではありますが同じくティレニア海に浮かぶ、サルデーニャ島のお隣のコルシカ島。島で一番栽培されているのがヴェルメンティーノです。

　どの産地のヴェルメンティーノにも共通するのはミネラル感や海の塩気、柑橘のニュアンス、アーモンドのような香ばしさとほろ苦さ、ハーブの清涼感といった要素です。この中でもっとも高級なヴェルメンティーノを輩出しているのは、サルデーニャのガルーラという産地です。花崗岩（かこうがん）土壌で、パワフルなミネラルと華やかでフラワリーなトーンがあり、全体的に厚みがあります。熟成すると、羊のチーズや魚介類でも味の濃厚な料理にぴったり。そして、同じヴェルメンティーノでも軽やかでフレッシュ、お洒落感のあるのがトスカーナ産。こちらはトレンドが上昇中です（２０１８年時点）。そして、サ

リグーリア州

郷土料理

フォカッチャ・ディ・レッコ

岩井文芳

「リグーリア州のレッコという港町の郷土料理です。この町でしか食べられないフォカッチャを目指して僕が働いていたリストランテへも世界中から人がやってきた。そこで学んだレシピです」

ルデーニャとトスカーナの中間的なテイストが、リグーリアのヴェルメンティーノなのです。

ミネラル感も果実味もボリューム感も、良い意味でのほどほど感が魅力。幅広い食事と楽しめます。魚料理はもちろん、肉類なら仔牛やうさぎなどの白身肉、山羊肉にも合いますし、豆料理との相性もよい。リグーリア州の郷土料理ならフォカッチャ・ディ・レッコといって、フレッシュチーズのストラッキーノを、薄くのばした生地に挟んで焼く、パリパリのフォカッチャもいいですね。

リグーリアは平地が少なく、ブドウ畑は山間部が中心です。当然ながら仕事も大変。よって価格的には決して安くありません。同州の白品種では、アロマティックなピガート（p82）が幅をきかせているので、ヴェルメンティーノはどうしても目立たない。でも、万能さで言えばヴェルメンティーノに分があります。最初はフレッシュなトスカーナで始めて、リグーリアにいき、メインはサルデーニャでじっくり。ヴェルメンティーノのはしご酒もよいかと思います。

ランブルスコ・マエストリ（赤泡）

「ワイン人生に、光差す」

ランブルスコ／カミッロ・ドナーティ

大学時代、バイト先の飲食店で「勉強」と飲まされたのは重い赤ワインが中心でした。なかなか馴染めず、ワイン嫌い寸前の事態に陥ったある日、軽やかで心地よい赤の泡、ランブルスコ・マエストリに出会いました。僕のワイン人生に光が差した瞬間です。当時付き合っていた彼女とのデートにも、このワインを持って海へ。海の塩味とランブルスコの甘みがまた合いまして。アッビナメントの原点もまた、このワインから学びました。

僕の人生には多大な影響を与えたランブルスコですが、マーケットではあまり評価されているとは言えません。イタリアの高級レストランでリストに載ることもまずありません。ランブルスコの魅力に触れられるのは、原産地のエミリア地方だけ。パルマ産生ハムやパルミジャーノ・レッジャーノと一緒に供されるのは必ずこのワインで、その相性たるや凄まじいものがあります。

こんなことがありました。お客様と一緒にイタリアツアーでパルミジャーノ・レッジャーノ

エミリア-ロマーニャ州

郷土料理

トルタフリッタ パルマ産生ハムとメロン

高橋隼人

「生ハムを頼むと必ずついてくるのが、ラード入りのタルト生地を高温の油で揚げたパン。極薄く切った生ハムの塩気と粉の風味、ジューシーなランブルスコが三位一体となったおいしさです」

の工房を訪れた時のこと。試食中の我々に、工房の主人がラベルのない酒を振る舞ってくれました。すると、重い塊のチーズが飛ぶように売れたのです。ランブルスコには気分を盛り上げる魔力もあると思います。

エミリア地方は動物性油脂や乳製品を使うリッチな料理が多いので、軽やかに口を洗ってくれる赤の微発泡は、そもそも理にかなっています。現地に行けばランブルスコといっても一緒くたではなく、昔ながらの瓶内二次発酵で造っている蔵もあれば、品種も様々なのがわかります。イタリアきっての美食の町、モデナの西北ではエレガントな品種のソルバーラ（p96）、南部はタンニンがしっかりのグラスパロッサ（p98）、パルマ辺りはサラミーノという品種もあり、甘口から相当にドライ、ロゼタイプと選択肢が豊かなワインであることも、もっと知られていいと思うのです。

個人的な指標ですが、ランブルスコ好きと聞くと、僕はイタリアの理解度が高いな、とニヤリとしてしまいます。

アルバーナ（白）

「イタリア好きにはたまらない」

アルバーナ・ディ・ロマーニャ／ファットリア・モンティチーノ・ロッソ

リッチな食文化で有名なエミリア-ロマーニャ州。この州の赤い発泡酒ランブルスコは、もっと知られていいと紹介しました（p88）。ここでは、もっと応援してほしい白品種の話です。

アルバーナというブドウは、古代ローマ人がこの地に持ち込んだといわれる歴史ある品種。1987年、アルバーナ・ディ・ロマーニャは、イタリアで白ワインとして初めてDOCGに認定されました。しかし、歴史ある品種のわりにはアルバーナはイタリア国内でもマイナーです。その原因は、このブドウに強いられた皮肉な宿命だったのではないかと僕は思います。

アルバーナは貴腐になりやすい性格で、糖度も高いブドウです。ゆえに甘口ワインとして造られたものは香りも大変個性的で、柑橘類のフルーツやハーブ香、バラのような芳しさにハチミツのニュアンスもあり、魅力満載です。ところが90年代にイタリアワインの食中酒としての評価があがると、アルバーナも辛口に仕立てて食中酒を目指すようになりました。その過程で

エミリア-ロマーニャ州

郷土料理

パッサテッリ

奥村忠士

「パッサテッリは、イタリア各地にある余ったパンの食べ方の一つ。僕はパン粉、小麦粉、パルミジャーノ・レッジャーノを同割に、卵とレモンピール、ナツメグを加えチキンスープで作ります」

本来の個性はそぎ落とされて凡庸になっていったのです。

しかし、ここ2〜3年（2012年時点）は栽培や醸造技術の進化と努力で、アルバーナの個性を生かす試みが実を結び始めています。本来持っている柑橘やハーブ香も生かしながらドライできれいに仕上がり、食事は選びますが魅力的な相棒となります。

このワインに合わせていただきたいのが、ロマーニャ地方の郷土料理、パッサテッリです。残って硬くなったパンをすりおろし、パルミジャーノ・レッジャーノ、卵と一緒に練って専用の調理器具で押し出すパスタで、肉や野菜でとったブロードに浮かべて食べます。各家庭や店によりスパイスや柑橘の香りを足しますが、これがアルバーナとぴったりです。また、アルバーナの複雑な香りは、肉料理を巧妙に引き立てる力ももっています。グローバルなワイン市場では個性が強くてメジャーにはならないでしょうが、個性こそイタリア！　イタリア好きにはたまらないワインだと思います。

サンジョヴェーゼ・ロマニョーラ（赤）

「隣のサンジョヴェーゼ」

ロマーニャ・サンジョヴェーゼ〝ゴデンザ〟／ノエリア・リッチ

エミリア−ロマーニャ州は、州都ボローニャを境に北西のエミリア地方と南東のロマーニャ地方に分かれます。大平野で酪農地帯のエミリア地方は、生ハムやパルミジャーノ・レッジャーノチーズが有名で、ワインはランブルスコ（p88・p96・p98）やオルトゥルーゴなどのフリッツァンテ（微発泡）文化です。そして、もう一方のロマーニャ地方ですが、食材は極めて地味。有名なのはパッサテッリ（p91）やアドリア海に面するコマッキオの鰻くらい。しかしサンジョヴェーゼについては語るべきことがたくさんあります。

ロマーニャ地方の南側はアペニン山脈です。山側に続く丘陵地帯には、山から幾筋もの川が流れ、川面の風が微気候をつくりだします。ブドウ栽培には理想的な環境で、サンジョヴェーゼ・ロマニョーラのホームがここです。その風景は、お隣のトスカーナとよく似ています。実際にこの地を訪れ、僕も「トスカーナか？」と思いました。そして誰もが有名産地のトスカーナを基準に考えるので、不幸なことにロマーニャ

エミリア-ロマーニャ州

郷土料理

ストロッツァプレーティ パスティッチャーティ

臼井憲幸
「ストロッツァプレーティはロマーニャ側の郷土パスタ。麺棒でのばした生地を細長く切って、くるくると巻いて作ります。パスティッチャーティは〝少し汚した〟という意味で、ラグーソースに生クリームをほんの少し加えます。仕上げにペコリーノチーズと黒こしょうをアクセントに効かせて」

地方は、産地として格下に見られてきました。しかし、この状況に一石を投じた立て役者がゼルビーナ社やカステッルッチオ社でした。1985年にリリースされ、良年だけ製造されるロマーニャ・サンジョヴェーゼは、ロマーニャ地方にサンジョヴェーゼありを印象づけます。それから30年（2016年時点）、この地方に3～4社しかなかった優良生産者は増え、トスカーナに負けないワインを造ろうと切磋琢磨して知名度を上げました。

できればトスカーナのサンジョヴェーゼ（p104）と一度飲み比べてみてください。両者を州で区別するのはナンセンスだとわかると思います。赤いフルーツ、しっかりした構成、滑らかなタンニン。最近は透明感ある繊細な造りが多く、合わせる料理もキャンティ風ビステッカよし、ロマーニャ風手打ちパスタのラグーもまたよしです。トスカーナの隣のサンジョヴェーゼもどうぞよろしくお願いします。

マルヴァジーア・ディ・カンディア（白）

「人を油断させます」

コッリ・ピアチェンティーニ・マルヴァジア〝エミリアーナ〟／ルセンティ

モスカート・ビアンコ（p28）に続いて、一品種深掘りシリーズです。今回は、エミリア地方のマルヴァジーア・ディ・カンディアにしましょう。

マルヴァジーア種は地中海エリアで10種類以上の系統があり、白品種も黒品種もあります。白品種の香りに共通するのはちょっとセクシーなアロマで、フリッツァンテ（微発泡）やデザートワインに醸造されることも多い。黒品種にはスパイシーなニュアンスがあります。

マルヴァジーア・ディ・カンディアは白品種。フリージア、ラベンダー、アカシアと、お花畑みたいな香りにマスカットのようなフルーツ香もあります。塩っぽいミネラルのニュアンスもこの品種、このエリアの特色で、昔からフリッツァンテにするのが伝統的でした。海外向けには完全発酵させてスティルワインとして出荷される場合が多いのですが、地元では発酵途中で瓶詰めするフリッツァンテが多い。豊かなアロマに包まれ、攻撃的な強さはなく、柔らかでメ

エミリア-ロマーニャ州

郷土料理

パルマ産プロシュート

戸羽剛志

「エミリア-ロマーニャのアグリツーリズモで働いていた時は、農作業の合間にマルヴァジーアのフリッツァンテをスコデッラと呼ばれるお碗に注いで水分補給。一緒に生ハムをつまんで塩分補給をしていました。生ハムをはさんだピアディーナもよく一緒に食べましたね。最高の思い出です」

ロウ。ついつい気を許してしまう。数多いマルヴァジーアの中でも享楽的で人を油断させるワインです。

試していただきたい食事とのアッビナメントは、この地方の至宝、生ハムです。ワインにフルーツ香があるので、メロンを合わせる感覚でやってみてください。このワインがあれば、メロンいらずとわかっていただけると思います。エミリア-ロマーニャ州のワインだとランブルスコ（p88）で合わせたくなるのですが、高貴な生ハムにはランブルスコだと強すぎて、香りや旨みが相殺されてしまうこともあります。その点、マルヴァジーア・ディ・カンディアは、生ハムの、ひだの奥の味わいまで堪能できます。喩えですけれどね。人気野菜、パクチーとの相性も良くエスニック料理にもバッチリ。少し肉や魚の脂肪分があると、なおよしです。ともかく肩の力を抜いて体を委ねてみてください。ついつい楽しくなってしまいますから、オフの日にね。

ランブルスコ・ディ・ソルバーラ（赤泡）

「美食街道のスプマンテ」

ランブルスコ・ディ・ソルバーラ〝リモッソ〟／カンティーナ・デッラ・ヴォルタ

エミリア街道沿いは、どの店に入っても種類豊富な生ハムやサラミ類の豊かな盛り合わせから食事が始まります。別名、美食街道。加工肉抜きに語れないこの地域の食を受けとめてきたのが赤品種のランブルスコです。ランブルスコの代表品種はグラスパロッサ（p98）とソルバーラ、そしてサラミーノ。3つの特色を端的にいうと、濃い、淡い、その中間ということになるでしょうか。産地もきれいに分かれており、エミリア街道の南側の丘陵地でグラスパロッサ、北側の平地でソルバーラ、その また更に北、ロンバルディア州のマントヴァ近くではサラミーノが栽培されています。

3つの中で最も知られている品種がグラスパロッサ。アメリカでは〝イタリアンコーク〟のキャッチコピーで一世を風靡し、日本でも同様の紹介がされました。結果、海外でも日本でも甘い炭酸ワインのイメージが定着しました。

そんなイメージを覆したのがソルバーラです。色調は透明感のあるチェリーピンクで、味

エミリア-ロマーニャ州

郷土料理

トルテリーニ・イン・ブロード

眞壁貴広

「エミリア地方でワインと言えば、赤も白も泡。そしてパスタと言えばトルテリーニです。詰め物には仔牛もしくは豚肉、プロシュート・ディ・モデナ、モルタデッラ、パルミジャーノ・レッジャーノが必ず入ります。生地を薄く、小さく作るほどスープとの絡みがいいんです」

わいはチャーミングな赤い果実感があり、圧倒的な酸があります。このソルバーラで初めて瓶内二次発酵のスプマンテを造り、注目されたのがフランチェスコ・ベッレイというワイナリーでした。アロマティックなランブルスコは、常識的にイーストコンタクトを長期間行う瓶内二次発酵には向かないと考えられていたため、多くは一次発酵の途中で瓶詰めを行い、瓶内で自然に発酵が続くフリッツァンテだったのです。しかし、ベッレイのソルバーラ100％のスプマンテは想像外に優美な仕上がりで、当時、エノテカ・ピンキオーリが密かに買い占めたことでも話題となりました。ベッレイの成功は、ランブルスコの造り方を甘口のフリッツァンテから辛口のスプマンテへと見直すきっかけになり、地域の醸造レベルの底上げにつながりました。

美食街道に行ったら、いえ、行かなくても、ランブルスコで食事を通す経験をしてみてください。前半はソルバーラ、後半はサラミーノからグラスパロッサで締める。赤い泡の懐の深さを堪能できると思います。

ランブルスコ・グラスパロッサ（赤微発泡）

「ちゃんと私を見て」

ランブルスコ・グラスパロッサ・ディ・カステルヴェトロ〝コルサソッソ〟／カビッキオーリ

ランブルスコの悲劇については既にお話ししました。アメリカ人向けに、彼らの大好きな清涼飲料水に寄せて〝イタリアンコーク〟の愛称で販売されてきた歴史。日本にもアメリカ経由で入ってきたランブルスコは、濃くて甘い炭酸飲料のイメージが定着してしまった。

その主要品種こそ、グラスパロッサでした。もともと色は濃く、タンニンが豊富で果実味がたっぷり。ボリューム感を出しやすいので、海外向けにわかりやすい濃い赤のワインを造るのに好都合でした。

輸出中心に需要を開拓してきたランブルスコが、イタリア国内で見直されたのはソルバーラ（p96）から。ランブルスコのこれまでのイメージとは対極に、一番色が淡くて酸もしっかりと出る品種です。瓶内二次発酵で手間暇をかけ、ワイン専門家たちに、こんなランブルスコもあったのかと喜ばれたのです。そして、ソルバーラに次いで再評価されたのが、次に色が淡くて適度なボリューム感のあるサラミーノ。その先に、ようやく出番が回ってきたのがグラスパロッサ

エミリア-ロマーニャ州

郷土料理

タリアテッレ・アル・ラグー・アッラ・ボロネーゼ

眞壁貴広
「ボロネーゼの定義は、ボローニャの特産品であるプロシュート、パンチェッタ、モルタデッラが入ることと煮込むときに必ず牛乳を加えること。加工肉の入らないラグーは単にミートソースです」

です。

輸出用の大量生産品とは造りを変えて、ブドウは手摘み収穫を行います。中には瓶内二次発酵を行う生産者も現れ、グラスパロッサもかつての汚名返上を果たしつつあります。グラスパロッサで有名になりソルバーラで再評価、再びグラスパロッサの見直し。これがざっくり言えばランブルスコのトレンド。しかし、その紐解きは十分とは言えません。

持論を言えば、地酒としての魅力は、この地方の生ハムやサルーミなどの加工肉との相性の良さです。瓶内二次発酵で高級感を打ち出すこともマーケティング的には必要でしょうが、加工肉の塩気を和らげてくれるのは適度な甘みとタンニンがあり、一次発酵途中で糖を残して瓶内に詰めるアンチェストラーレ製法のグラスパロッサであると、僕は信じて疑いません。

日本語訳では先祖代々製法。これぞエミリア-ロマーニャという土地が本来もっていた文化。その再評価こそ、グラスパロッサ本来のあるべき姿と思うからです。

€9,90
SU ORDINAZIONE PORCINI FRESCHI
LA MERCE NON SI TOCCA
CARDONCELLO
€ 1.50 ETTO
ORIG. ITALIA

Serboni
Vernaccia di Serrapetrona

サンジョヴェーゼ（赤）

「農民のスープに貴族的なワインを」

キャンティ・クラシコ・リゼルヴァ〝バディア・ア・パッシニャーノ〟／アンティノリ

寒くなると懐かしくなるのが、トスカーナ州のリボッリータというミネストラの一種です。玉ねぎ、セロリなど通常のミネストラの野菜に加え、トスカーナの地野菜、カーヴォロ・ネロ（黒キャベツ）やいんげん豆、そして塩なしパンが入るのが特徴です。〝再び（リ）煮た（ボッリータ）〟という名前は、何度も繰り返し火を入れることに由来します。貧しい農民は、このミネストラを暖炉の熾火にかけて何日も食べました。日が経つごとに素材の味が濃縮し一体となるリボッリータは、「貧しくておいしい」郷土料理の典型です。

この料理には、気軽なキャンティが合うと思いませんか？　ところがところが。リボッリータには、エレガントなキャンティ・クラシコの方が合うんです。

ここで、キャンティとキャンティ・クラシコの違いをお話ししておきましょう。キャンティ地方のワインは古くから評判が高く、ニセ酒が多く出回りました。1716年、トスカーナ大公コジモ3世は、フィレンツェとシエナの間だ

トスカーナ州

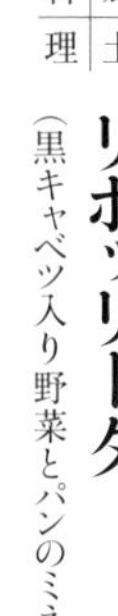

郷土料理

リボッリータ

（黒キャベツ入り野菜とパンのミネストラ）

辻 大輔
「残ったミネストローネに硬くなったパンをふやかして、一晩寝かせて食べる家庭料理。欠かせないのは黒キャベツと赤玉ねぎ、そしてトスカーナ産のオリーブオイルでないと味が決まりません」

けをキャンティと呼んでよいと決めました。この時定められた地区で現在も生産されているのがキャンティ・クラシコです。

その後もキャンティを名乗るワインは減りませんでしたが、貴族の酒として醸造されてきたキャンティ・クラシコの味わいは洗練され、同じサンジョヴェーゼ種主体のキャンティとの味の違いは明らかです。この貴族の酒が農民のリボッリータと合うのはなぜか？　それは、リボッリータにかけるオリーブオイルとの相性ではないかと思うのです。トスカーナのオリーブオイルもまた、貴族向けに作られてきた歴史があります。トスカーナは豊かな荘園主が多く、折半小作農制度が長く続きました。これは収穫物を荘園主と小作人で半々にする制度で、両者の関係は良好だったようです。トスカーナの農民たちは、リボッリータに主人と同じオリーブオイルをかけていたかもしれません。そう思うと、キャンティ・クラシコとの相性が納得できるのです。

ヴェルナッチャ・ディ・サン・ジミニャーノ（白）

「ハマると深い」

ヴェルナッチャ・ディ・サン・ジミニャーノ／フォンタレオーニ

キャンティやモンタルチーノ、赤ワインのイメージが強いトスカーナ州で珍しく、いや州で唯一といってもいい白ワインの街がサン・ジミニャーノです。

街の名前を聞くと「あ、塔の街ね」と思う方が多いでしょう。世界遺産の登録理由にもなったたくさんの塔は、かつて都市内の権力争いで建てられたといいますから、力のある裕福な人が多かったのでしょう。いまだに塔のイメージが強すぎるのか、ワインは二の次にされている印象ですが、DOCに認定された最も古いワインがヴェルナッチャ・ディ・サン・ジミニャーノです。

ヴェルナッチャという品種ですが、トスカーナ以外にもDNAの全く異なる2種類のヴェルナッチャがあり、ひとつはサルデーニャ州のヴェルナッチャ・ディ・オリスターノ（p176）、もうひとつがマルケ州の黒ブドウです。

トスカーナのヴェルナッチャは、香りはフラワリーなのですが、華やかというよりはゼラニウムとかユリとか、ドライハーブのような少々

トスカーナ州

郷土料理

パンツァネッラ（パンのサラダ）

古澤一記

「余って硬くなったトスカーナパンを水でふやかしてギュッと絞り、生野菜とオリーブオイルで和えた一品。火を一切使わないから夏の昼ごはんの定番です。作りたてより馴染んだ頃がおいしい」

クセのある頑な雰囲気。だから、ワインだけで飲むとあまり好きではないと思われてしまうことも多々あると思います。

こういうワインをおいしく飲むには、〝迎えに行く〟という姿勢が必要です。どうやって迎えに行くかといえば、僕ならトスカーナの夏の郷土料理「パンツァネッラ」で。夏、食欲のない時にも食が進むパンサラダですが、ハーブの香りと青々しいトスカーナのオリーブオイルが、ヴェルナッチャ・ディ・サン・ジミニャーノとドンピシャです。同じくトスカーナのソプレッサータもいいですね。豚の頭を茹でてにんにくやスパイスと一緒に冷やし固めたサルーミの一種ですが、ヴェルナッチャ・ディ・サン・ジミニャーノを、もう、ソースみたいにかけて食べたい感じです。山間のちょっとコアな郷土料理と合う。こういうワインはハマると深いですよ。

ほとんどのイタリアワインはオリーブオイルと合うように出来ています。白であっても赤であっても。それが腑に落ちた時、イタリア的な食とワインの楽しみ方が広がります。

ヴェルメンティーノ（白）

「お洒落系ヴェルメンティーノ」

ヴェルメンティーノ／ラ・スピネッタ

イタリア各地で愛されているヴェルメンティーノのルーツは、スペインやポルトガルからやってきたマルヴァジーア（p122）という説が有力です。イタリアへの伝播ルートは、コルシカ島の北側経由と南側経由の2通りで、前者はその後ジェノヴァに渡りリヴィエラ海岸を東進し、また南進してローマの手前辺りまで到達します。後者はサルデーニャに渡りました（p174）。それらが長い時間をかけて土着化した結果、それぞれのヴェルメンティーノが誕生しました。トスカーナ州のヴェルメンティーノは前者です。

トスカーナの海側は、コスタトスカーナと呼ばれ、夏にはリッチな人々がヴァカンスに訪れます。具体的な街は、ピサ、リヴォルノ、スヴェレート、グロッセートなど。ヴァカンス客がゴージャスなリゾートホテルで飲むのにぴったりなのが、トスカーナのヴェルメンティーノと言ってよいでしょう。ご存じの通り、このエリアはスーパートスカーナで一世を風靡（ふうび）しました。成

トスカーナ州

郷土料理

ひよこ豆と赤えび

武田正宏

「2年半過ごしたサン・ヴィンチェンツォという海沿いの町では、ひよこ豆とえびは定番の組み合わせ。ひよこ豆を炭酸水に一晩浸けて弱火で柔らかく煮たところに、殻を剝いたえびを加えて軽く炊き、そのまま人肌まで冷まします。最後にオリーブオイルをたっぷり加え混ぜるのがトスカーナ流」

功したワイナリーが赤の国際品種の次に目をつけたのが、土着品種の白、ヴェルメンティーノだったのです。トスカーナを代表する土着品種にはサンジョヴェーゼ（p104）がありますが、沿岸地域ではサンジョヴェーゼより、地中海性気候に合うヴェルメンティーノが盛んに栽培されるようになりました。ヴァカンス客の嗜好に合うよう、醸造はソフトプレスで、醸しも丁寧に行うワイナリーが多いです。

技術力のあるワイナリーが資金を投じて造り出したワインは、華やかでミネラルの塩味が心地よく、洗練された味わいです。

実は、コスタトスカーナは、ムッソリーニが農地として干拓する以前は湿地帯でした。干拓後に人が住めるようになってワイン産地として新たな歴史を刻み、活気のあるエリアとなります。トスカーナの内陸は肉料理のイメージが強いですが、海側に来たら皆が食べるのは魚介料理。どんな魚介料理とも合わせやすい、スマートでお洒落な白といえば、ヴェルメンティーノで決まりです。

カナイオーロ（赤）

「やっぱり君が良かった」

トラフィオーレ／ポッジョ・アル・ソレ

キャンティ・クラシコ（p104）やヴィーノ・ノービレ・ディ・モンテプルチャーノは、トスカーナ地方の内陸部で造るサンジョヴェーゼ種主体のワインです。

緩やかな丘陵地が多いトスカーナですが、これらのワインの産地は、丘陵地でも標高が高かったり、渓谷であったり、厳しい立地も多い。こうした土地のサンジョヴェーゼは完熟するのが難しく、頑なで酸も高くなりがちです。こういう場合、単体ではなかなかバランスが取れません。

そこで、柔らかさや可愛らしさ、アロマティックな要素を添えるのがカナイオーロという品種でした。一言でいうと、愛くるしい。サンジョヴェーゼを陰で支え、引き立ててきたベテランのバイプレイヤーです。しかし、１９８０年代に国際品種の人気が高まると、カナイオーロに替わってカベルネ・ソーヴィニヨンやメルローが補佐役として人気を博します。トスカーナで国際品種を主体にした高級テーブルワインがもてはやされたのもこの頃で、国際品種のイタリ

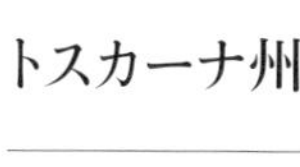

トスカーナ州

郷土料理

アフェッタート・ミスト

河合鉄兵

「イタリア語でアフェッタートは〝薄く切った〟。スライスした加工肉等の盛り合わせです。トスカーナは赤ワインが有名で、食事の最初から赤を飲む人が多く、加工肉のミストは定番の前菜。ちなみにトスカーナの生ハムは塩なしのパンと食べるので、他の地域よりしょっぱいんですよ」

アワインが、世界にアピールを強化した時期でもありました。いわゆるスーパートスカーナブームです。ブームが過ぎた2000年、時代は土着品種へと回帰し、カナイオーロもサンジョヴェーゼのパートナーとして復帰します。浮気してしまったけれどやっぱり君が良かった、みたいな話です。

　そして、戻ってきたカナイオーロは、単一種でも醸造されるようになりました。どんなワインになるかといえば、これがやっぱり愛くるしい。偉大なワインにはならないけれど、まろやかで果実味がありハツラツとしています。タンニンは少なく、飲み心地がいい。

　トスカーナの前菜、サラミやトマトのブルスケッタ、フレッシュなペコリーノチーズの盛り合わせには、これくらいの飲み心地の赤ワインがぴったりです。インパクトではなく、飲み疲れしないワインが好まれるようになり、カナイオーロの素質は、輝きを放っています。これからますます楽しみな品種の一つです。

ヴェルディッキオ（白）

「海のワイン、山のワイン」

ヴェルディッキオ・ディ・カステッリ・ディ・イエージ〝ポディウム〞／ガロフォリ

長靴に喩えられるイタリア半島のふくらはぎあたり、マルケ州は、知られざる州のひとつでしょう。

アドリア海の海岸線を擁する景勝地ですが、辿り着くにはローマやフィレンツェからだとアペニン山脈の切れ込みに入り込むか、回り込むかの陸の孤島です。しかし、隔絶された立地は防衛に好都合で、ルネッサンス時代にはウルビーノの名君、フェデーリコ公爵により豊かな宮廷文化が花開きました。ラファエロやブラマンテなど著名な芸術家が活躍したのもここ。食文化はといえば、アドリア海の魚介あり、海岸線からすぐ立ち上がる山の幸ありと実にリッチです。海と山のコントラストは、マルケの大きな魅力ですが、州を代表するブドウ、ヴェルディッキオにもその影響が色濃く表れています。海に近い土地のヴェルディッキオ・ディ・カステッリ・ディ・イエージと山側のヴェルディッキオ・ディ・マテリカは、同じブドウでもキャラクターが異なります。海に近いヴェルディッキオは、ミネラル感に溢れ、パッションフルーツやマン

マルケ州

郷土料理

ブロデット アンコーナ風

（魚介のスープ）

小川洋行

「ブロデットにもにんにくの効いたトマトベース、仕上げにサフランを加えるクリアなタイプとありますが、繊細な造りのワインには後者。赤ワインビネガーがキレとコクを生みます」

ゴー、ベルガモットなどの果実感があるエキゾチックな仕上がりになります。一方山側は、昼夜の寒暖差からフラワリーな香りのワインを生みます。

今回はヴェルディッキオにマルケの海料理を代表するブロデットを合わせてみます。ブロデットは、漁師料理が起源の魚介の煮込みスープですが、海岸線の長いマルケでは漁場ごとのブロデットがあり、魚種がもっとも多いアンコーナ風は13種入れるのがお約束。海側のヴェルディッキオは、ミネラル感と果実味のバランスが造り手の個性となって表れますが、ブロデットに合わせるなら、ミネラル感が強く、エキゾチックな果実味は少々というタイプを選んでみましょう。

マルケに行ったら、まずは海沿いで魚介の前菜やブロデットを海側のヴェルディッキオと合わせ、夜は山側へ移動してヴェルディッキオ・ディ・マテリカで肉を堪能する、なんてことができてしまうのが楽しいのです。

ラクリマ（赤）

「醜いアヒルの子」

パラディーソ／ファットリア・サン・ロレンツォ

イタリアの土着品種ワインの中で、どうにも日本人が苦手な香りがいくつかあります。そのひとつが、マルケ州の土着品種であるラクリマ。どこかで聞いた名前かもしれませんがナポリのそれとは違います。イタリア人は、ラクリマの香りをスパイシーと表現することが多いのですが、これは決してネガティブなニュアンスではなく、バラのようなフラワリーさにチェリー、そして黒い果実が重なるという、このブドウの濃厚さを総じて言います。イタリア的には、この濃さはアリなのです。しかし、日本人にとって何がきついかといえば、バラのような香りが最初に押し寄せるところ。これがトイレの芳香剤を思わせてしまう。この香りを嗅いだら、他のニュアンスを受け取ることなく、シャッターを閉じる日本人は多いでしょう。なので第一印象で嫌われてしまう確率が高いのです。これぞ土着品種界の、醜いアヒルの子。このブドウを知るにつれて、日本のトイレの芳香剤がバラの香りでなかったら、こんな運命にはならなかったのかもと思わずにいられませんで

マルケ州

郷土料理

うさぎのインポルケッタ

連 久美子

「うさぎ肉に豚の皮を加えてにんにく、白ワイン、野生のフェンネルと蒸し焼きにする家庭料理。野生のフェンネルの香りが、この造り手のしっかりしたラクリマとマッチします」

した。

しかし、醜いアヒルの子が白鳥になった瞬間を、僕は何度もマルケ州で体験しています。その典型がチャウスコーロというマルケ州特産の生サラミとの相性です。日本人の苦手なムンムンくるバラの香りが消え、このブドウが持っている好ましい果実感が前に出て、極めて心地よく香りが激変します。この白鳥になる瞬間をもっと知ってほしいし、知ったらこのワインを好きになってもらえる自信があります。チャウスコーロでなくても、身近なスパイシー系料理がイタリア料理に限らず合います。ケバブ、カレーピラフ、チリドッグにもぴったりです。

1980年代にこのブドウと出会いましたが、ようやく理解される兆しを感じています（2014年時点）。土着品種の個性や料理し合わせた時の面白さを日本人が理解してきたからではないかと思います。不憫な宿命を解き、再評価してほしい品種のひとつです。

ペコリーノ（白）

「羊だけど、羊と合わせません」

オッフィーダ〝メルレッタイエ〟／チウ・チウ

ペコリーノは、イタリア語で羊、あるいは羊乳のチーズというのが普通です。が、ペコリーノというブドウ品種がマルケ州の南部からアブルッツォ州にかけて栽培されています。

品種自体は昔からあったという話もあるのですが、このブドウを羊がよく食べるので、試しに醸造してみたらおいしいワインになり、ペコリーノと呼ぶようになったという、なんとも嘘みたいな楽しい話もまことしやかにあります。テヌータ・コッチ・グリフォーニというワイナリーがその立て役者とされています。

1980年代ですから比較的最近のこと。同じマルケ州の中央部では、ヴェルディッキオ（p112）というアイコニックな代表白品種が確固とした地位を確立しており、その恩恵に予（あずか）っていない南マルケ、それと地続きのアブルッツォ州へとペコリーノは広がっていきました。今やアブルッツォ州のほうがメインの生産地と言ってよいかもしれません。

一番驚いたのは、ペコリーノの立て役者であ

マルケ州

郷土料理

貝のポルケッタ

小串貴昌
「マルケの海沿いの店で働いていた時、一年中作っていた料理です。寸胴鍋でういきょうと赤玉ねぎを炒めて貝を加え、トマトと煮込む。巻き貝は煮込んでも硬くならないから、毎日煮返して何日もかけて食べるんです。今日は巻き貝と二枚貝を使ったのでプチトマトと白ワインで軽く煮込みました」

るコッチさんかもしれません。彼は仲間たちに〝このブドウ、意外といけるよ〟的な感覚で苗を配っていたようです。まさか、こんなに広がるとは思っていなかったのではと想像します。

ペコリーノは果実味が早く開くので、早飲みで気軽に飲めるワインです。ミネラルがベースにあるので肉でも魚でも合わせることができますが、羊肉には合わせません。なぜなら、モンテプルチアーノという赤の土着品種がこの地方にあって羊にぴったりだからです。名前からは羊と合わせたくなっちゃいますけどね。貝や甲殻類と非常によく合うので、今回は貝の煮込み料理と一緒に。ちなみに、貝をハーブ（ういきょうが必ず入る）と白ワインで煮込む料理をマルケ州ではポルケッタと呼びます。おまけに、うさぎの煮込みのポルケッタも同州の郷土料理として有名です。しかし一般的にはポルケッタというと、仔豚の香草風味の丸焼きがメジャーです。マルケ州のネーミング、ワインも料理もややこじらせ系？　面白いですね。

グレケット（白）

「淡々と応じます」

アッシジ・グレケット／スポルトレッティ

グレケットは僕にとって特別印象深い土着品種です。〝まったく愛想がないなあ〟というのが第一印象でした。人に喩えると、クラスに一人はいる最後まで仲よくなれないタイプ。無骨でドライで、もうちょっと変化するかと思ったらそのまま去っていっちゃう。最初に飲んだ時は、えっそれで終わりかい？　と問いかけたくなりました。イタリアの白ワインはエキゾチック、もしくはフラワリーなものが多いのに、なんとも単調です。特徴を知ろうと一生懸命に飲みましたが最初の印象は変わりませんでした。

これはウンブリア州という土地の無骨さと相通ずるものがあります。隣のトスカーナ州の華やかさと比べて地味な州。海がないからか人は内向的。しかし、丘陵地はトスカーナに負けないオリーブの産地だし、ネーラ渓谷は黒トリュフで有名です。ノルチャという場所には生ハムやサラミ作りの高い技術を持った職人がたくさんいて、今もウンブリアの肉屋はノルチネリアと呼ばれますが、これはノルチーノと呼ばれた

ウンブリア州

郷土料理

ストランゴッツィ・アル・タルトゥーフォ
（トリュフのパスタ）

齋藤克英

「トリュフとオリーブオイルの産地、ウンブリアの秋から冬の料理。高級店ではトリュフだけ、庶民的な店では様々なきのこを刻んで加えます。卵を加えないうどんのようなパスタが定番です」

彼らが由来です。ウンブリア州は地味ながら美食の宝庫です。

そして僕は発見したのです。グレケットは、ウンブリア名物、黒トリュフのオムレツの最高のパートナーであることを。ワインだけで飲んでいた時にはわからなかった「奴」のよさが、わかったのです。卵はワインと合わせることが難しい食材のひとつ。トリュフも相手となるワインを間違うと香りは台無しです。このやっかいな食材ふたつを相手にしたグレケットの態度は、実に見事。トリュフや卵の個性的な香りに影響されることもなく、さっぱりすっきり、淡々と応じます。これは他のワインではなかなか出来ない芸当なのです。同様に、芳香の強いオリーブオイルをかけたウンブリア名物の豆料理にも非常によく合います。グレケットは、その無骨さこそ魅力だったのです。

ワインは、料理との相性において評価されるべき。それを強烈に体感させてくれたのが、このグレケットなのです。

サグランティーノ（赤）

「辛口の雄として頑張れ」

サグランティーノ・ディ・モンテファルコ〝コッレピアーノ〟／アルナルド・カプライ

ウンブリア州はともすると、いや紛れもなく、隣のトスカーナ州の陰に隠れた地味な州です。しかし、位置的にはイタリア半島ど真ん中。教皇領としての歴史が長く、聖人の中でも超有名な聖フランチェスコの誕生地アッシジは同州です。サグランティーノは、中世の文献にすでに登場しており、当時も今もモンテファルコという土地だけで栽培される品種です。

サグラはサクラメント（聖餐）に由来し、このブドウの宗教的背景を窺わせます。ワインはキリストの血に喩えられますが、深紅で頑強なタンニンを持つサグランティーノは、まさにそんなイメージです。元々干しブドウにして甘口ワインに造られてきましたが、これはパワフルなポリフェノールをなんとか飲みやすくする工夫でした。１９８０年代に辛口ブームがやってくると、このブドウで辛口醸造にトライする生産者が出てきます。その筆頭がアルナルド・カプライ。カプライ家はニットブランドで成功を収めていましたが、創業者の息子であるマルコ

ウンブリア州

郷土料理

仔鳩のロースト　ギオッタソース

齋藤克英

「ギオッタとは、イタリア語で〝大食漢〟の意味。鳩の内臓を抜いて肉はローストに、内臓はゆっくり火を入れてソースを作ります。今回は甘口のサグランティーノでフランベしたので相性は抜群でしょう」

が本格的にワイン醸造に取り組みます。彼は最新技術に研究を重ね、新樽を使った長熟タイプの洗練されたサグランティーノの醸造を成功させました。

カプライの成功は、他のワインメーカーを刺激しましたが、カプライのような確固たる信念で取り組んだ会社は少なく、赤ワインブームが落ち着くと淘汰されていきました。そんなわけで、サグランティーノは辛口で上げた狼煙(のろし)の落ち着きどころを失っている感じです。伝統的な手法として、パオロ・ベアのように完熟遅摘に徹底し、昔ながらの温かみのあるサグランティーノを目指す生産者も出てきましたが、多くの生産者は迷走が続いているような印象です。僕の考えは、辛口の雄としてポリフェノールの強いワインの生き方を示してはどうかということです。料理と一緒なら、その道は開けるはず。甘いソースやアグロドルチェ（甘酸っぱい）の料理には、サグランティーノのパンチある辛口が替えがたい存在であることを教えてくれるはず。

マルヴァジーア（白）

「ローマと白い肉料理」

フラスカーティ・スペリオーレ・セッコ〝サンタ・テレーザ〞／フォンタナ・カンディーダ

ローマの食堂でハウスワインといえば、まず白ワインです。赤を頼むと他州のワインが出てきてしまうことも珍しくはありません。「ローマに旨い赤ワインなし」とよく言われますが、実際おいしい地元産赤ワインに出会うのは難しい。ボルドーから赤品種の苗木を定植するなど栽培努力はしてきましたが、一部を除いてうまくいかなかったようです。

そんなわけで、ローマの人々は日々白ワイン。定番のフラスカーティは、ローマ南東、アルバーニの丘陵地帯にある14の町から成るカステッリ・ロマーニ地区で造られています。主要品種はマルヴァジーアで、トレッビアーノなどの品種とブレンドします。マルヴァジーアは地中海全域に10種以上の品種がありますが、ローマで核となるのは、マルヴァジーア・デル・ラツィオで、またの名を〝プンティナータ（点のついた）〞といいます。これはブドウの果皮に黒い斑点がついているためで、ローマの人たちは出

郷土料理

仔羊のカッチャトーラ風

吉川敏明

「イタリアでは仔羊は鶏や仔牛と並ぶ〝白い肉〟。必ずウェルダンに火を入れます。ソースにローズマリー、にんにく、ワインビネガー、アンチョビーが入るのがカッチャトーラ（猟師）風」

来のいいフラスカーティのこともプンティナータと呼びます。しかし実際は、ほかのマルヴァジーアにも斑点がついている（笑）。それほど愛着を持って栽培されているブドウなのです。

フラスカーティは、食事との相性が非常に幅広いワイン。いきいきとした果実味にハーブの香り、蜜のニュアンスにメリハリもあります。アンティパストや魚介類に合いますが、僕がこれぞローマと思う組み合わせは、白い肉料理。サルティンボッカやアバッキオ（乳のみ仔羊）のローストは典型的なローマ料理ですが、トマトソースを使わない白い肉料理にはフラスカーティがはまり役です。

キリスト教では仔羊は神への捧げ物。イタリア人はパスクア（復活祭）の食卓で、仔羊を食べて春の到来を感じます。日本でも仔羊とフラスカーティでお祝いしてみてはどうでしょう。ただし、パスクアは毎年変わる移動祝祭日なので、お間違いなく。

チェサネーゼ（赤）

「ラツィオ州にも偉大な赤」

チェサネーゼ・デル・ピーリオ〝ヴェロブラ〞／ジョヴァンニ・テレンツィ

ミラノとナポリを結ぶ高速道路アウトストラーダA1は、途中ラツィオ州を通ります。この辺りの風景は州都ローマとは別世界。アペニン山脈が近く、山の景観に点在するように栽培されているのが、チェサネーゼというブドウです。

ラツィオ州は白ワイン文化が圧倒的に強いのですが、例外的なのが赤の土着品種、チェサネーゼです。1980年代にも一度ブームになったことがありました。当時の世界的な赤ワインブームの影響で、ローマ郊外に偉大な赤ワインがあると、ごく一部の生産者たちが注目されたのです。しかし、この土地でボルドーに負けない赤ワインをと意気込んだイタリア人が栽培したのは、国際品種のカベルネ・ソーヴィニヨンでした。赤ワインブームが終わると、チェサネーゼも産地も、しばらく忘れられていました。その後も粛々と栽培されていたチェサネーゼは、土着品種が注目されるようになると再び世に知

ラツィオ州

郷土料理

ラ・ヴィーニャローラ

山崎夏紀

「〝ヴィーニャローラ＝ブドウ農家風〟という名前のついた田舎料理。ラツィオの特産であるグアンチャーレと葉玉ねぎを炒めたところに、生のアーティチョークと白ワインを加えて蒸し煮し、茹でたグリーンピースと空豆、ロメインレタスを合わせます。仕上げにミントを効かせて」

られます。

この品種には、コムーネとダッフィーレの2タイプがあります。前者は比較的平地で育てられる多収量型で、後者は標高の高い場所で収量を絞って栽培され、酸味ものって偉人なワインとなります。このブドウは、果実の粒が小さいために水分が少なく、果皮が厚くてポリフェノール豊富なのが特色。赤い花のような豊かな芳香性があり、柔らかいタンニンも魅力です。火山性土壌では鉄分も多く含むため、プルーンのような果実感や甘みもあります。

ダッフィーレの産地として有名なのが山間部で、ピーリオ、オレヴァーノ・ロマーノが特に優れています。ピーリオはアブルッツォ州に近い山奥ですが、2008年DOCGに認定されました。ここは、ヴァチカンの枢機卿もたくさん輩出している高貴な土地でワイン造りの歴史も古い。合わせるなら、やはり山料理です。鍋で煮込んだ料理、肉料理、チーズにもよく合います。熟成させると驚くほど素晴らしい変化を遂げることがあり、それもまた楽しみなのです。

モンテプルチアーノ（赤）

「海の幸も山の幸も」

モンテプルチアーノ・ダブルッツォ／ヴィッラ・メドーロ

モンテプルチアーノという赤ブドウ品種は、長靴の形をしたイタリア半島のふくらはぎから踵までを這うように分布しています。アブルッツォ州を代表する品種で、そのルーツは北側のテラーモというマルケ州との境界あたりのようです。マルケ州のアンコーナを北限に、アドリア海沿岸を南進し、プーリア州のサレント半島までが栽培エリアです。

モンテプルチアーノというとトスカーナのヴィーノ・ノービレ・ディ・モンテプルチアーノと何か関係が？　と思われる方もいるかもしれませんが、品種的には全く別系統です。お互いに紛らわしいと争いの種にもなっているようですが、両者引くことなし。もっとも、トスカーナのモンテプルチアーノは街の名前で、品種としてはサンジョヴェーゼです。

モンテプルチアーノの特徴はと聞かれると、僕は夏休みの庭の香りを思い出します。子どもの頃、キャッチボールしたボールがご近所さんの庭に入ってしまい、そっと庭に忍び込む。す

アブルッツォ州

郷土料理

マッケローニ・アッラ・キタッラ 仔羊肩肉のソース

鮎田淳治
「キタッラは、断面が四角くコシのあるパスタ。仔羊の肩肉からいいだしの出たソースにペコリーノチーズをふりかけて、羊の味を強調させるのが現地では一般的な食べ方です」

ると、庭草のモワッとした、むせ返るような香りに体を包まれる感覚。まさにあれがモンテプルチアーノだなあと。

ハーブでいえばゼラニウムの香り。ファーストアタックは、サンジョヴェーゼのような雰囲気もあるのですが、もっとポリフェノールが高くて野暮ったい。この「モワッ」が苦手という方が多いようです。そこで料理の登場となるわけです。青い香りには青い香りをぶつけます。トマトやなす、ナス科の野菜は全般的にモンテプルチアーノとの相性が良い。オリーブオイルで青い香りが強いものもいいですね。

それから、忘れてはいけないのが、この品種からはチェラスオーロという素晴らしいロゼワインもできるということ。赤ワインの醸造途中に少し色づいた果汁を抜き取って造るので、生産者にとっては一石二鳥。しかもこちらは魚介にぴったりです。アドリア海の幸も山の幸も受けとめるのがモンテプルチアーノというブドウです。

トレッピアーノ（白）

「本気のトレッピアーノ」

トレッピアーノ・ダブルッツォ"ペラディ"／ラ・クエルチァ

トレッビアーノは、トスカーナ州、エミリアーロマーニャ州、ウンブリア州など、イタリア全土の約7割で生産されている白ブドウですが、この品種をアブルッツォ州代表の土着品種として紹介したい理由があります。

イタリア各地で生産されていることからもわかるように、トレッビアーノは栽培しやすく、各地でフレンドリーな地酒として親しまれてきました。裏を返せば、土地による個性の乏しい品種ということにもなります。共通しているのは、白い花と黄色い果実が混じったニュアンスの後に、もたもたとやってくる酸があること。この酸は、チーズやサラミの油脂分との相性がよく、食中には好ましい。しかし、ワインとしてはニュートラルすぎて、これといった特色を感じにくいのです。

この親しみやすくも凡庸な品種の奥底に隠れたキャラクターを引き出したのがアブルッツォ州の造り手たちでした。エミディオ・ペペ、ジャンニ・マシャレッリ、ヴァレンティーニなど、

アブルッツォ州

郷土料理

パロッテ・カーチョ・エ・オーヴァ
3種のチーズと卵ボールのトマトソース煮込み

ダヴィデ・ファビアーノ

「残ったチーズを無駄にしないために生まれた料理。少し硬くなったペコリーノなど数種のチーズを削って卵と刻んだハーブと混ぜ、トマトソースで煮込んだもので、アブルッツォ全土で食べられています。熟成したチーズと若いチーズを混ぜたり、ちょうどいいバランスをみつけるのがコツです」

巨匠として知られる彼らは、トレッビアーノの品質をあげるため、寒暖差の大きな畑でゆっくりブドウを育てて収量を極力減らしました。この品種がもつ豊かな酸に、長期熟成の偉大なワインとなる可能性を夢見て、見事実現したのです。彼らの成功は、他州のトレッビアーノの認識を変えるきっかけとなりました。

トレッビアーノの生産量の多いトスカーナでも、このブドウはもっぱら脇役でした。デザートワインのヴィンサント用として、また、かつては赤ワインのキャンティに混醸されてきました。そんなトスカーナでも、技術力の高い醸造家たちが、主役になれるトレッビアーノを目指し、新たな挑戦を始めています。

トレッビアーノの潜在力を信じて、これを知らしめたアブルッツォ州の造り手たちの本気度に敬意を表し、僕はこの品種をアブルッツォ代表として紹介したいと思います。

ティンティーリア（赤）

「遅れてきたヒーロー」

モリーゼ〝マッキアロッサ〟／チプレッシ

北はアブルッツォ州、西にラツィオ州、南はプーリア州とカンパーニア州の4つの州に挟まれるモリーゼ州。イタリアでは2番目に小さい面積で、自然豊かな秘境です。

わずかにアドリア海に接する部分を除き、ほとんどが丘陵地と山間部。立地から察せられるように、周囲の州から影響を受け、独自性を語るのがなかなか難しい土地です。実際、モリーゼ州はアブルッツォ州の一部だった時代を経て、独立したのは1963年。食文化もアブルッツォ州と共通する部分が多いのです。そんなモリーゼの人々にとって、独立州としてのアイデンティティを感じさせてくれる存在のひとつが、ティンティーリアというブドウといってよいでしょう。

なんといっても、ティンティーリアはモリーゼ州にしか存在しません。このブドウが発見されたのは今から約30年前でした（2012年時点）。もともと孤立した立地であるモリーゼ州の、そのまた奥地でひっそり栽培されていたといいます。このブドウの発見もあり、それまで

モリーゼ州

郷土料理

仔羊とチコーリアのストゥファート 白玉ねぎのフリットのせ

小池教之
「香味野菜を炒めたところに、仔羊肩肉とブイヨン、白ワインを加えて1時間ほど煮込みます。最後に塩茹でしたチコーリアのほろ苦さを加えるのが定番です」

国際品種を植えたり、周囲の州でメジャーな土着品種を栽培したり、いろいろな経緯をたどってきた州のブドウ栽培政策は、ようやく州独自の品種に力を入れようという動きになってきました。イタリア全土における土着品種の動きからすれば、随分遅いスタート。それも、この州の歴史が浅いことからすれば当然かもしれません。今はティンティーリアに期待をかける生産者が増え、面積も増えてきました。

ティンティーリアは、早熟でもバランスよく楽しめるワインになります。プラムやチェリーなど赤い果実感があり、ピーマンのような青っぽさもありますが、アリアニコ（p134）ほどムンムンとした青さはありません。口当たりが大変スムースで、樽を使うと力強さが出ます。合わせるなら、モリーゼ州の風景を思わせる羊料理が良いですね。モリーゼ州の山間部では、南イタリアらしい羊の放牧がさかんです。添えるのは意外にも、白玉ねぎのフリット。州第2の都市、イゼルニアは白玉ねぎの産地として有名で、このフリットを食べるのがお約束です。

ピエディロッソ（赤）

「目立たないけど、いい奴です」

サンニオ・ピエディロッソ／ムスティッリ

ピエモンテ州の土着赤品種には、スター選手のネッビオーロ（p24）と、もう少し庶民的なバルベーラ（p22）があります。大昔のバローロは、ネッビオーロにバルベーラをブレンドして造られていました。

カンパーニア州にも、この2品種に似た関係のふたつのブドウがあります。それが、アリアニコ（p134）とピエディロッソです。アリアニコは南の銘酒、タウラージで主役をはるスター品種です。そして、アリアニコを引き立てるように、ブレンド用に使われることの多いのがピエディロッソです。〝ラクリマ・クリスティ〟というワインの名前を、お聞きになったことがあるでしょうか。日本語訳では〝キリストの涙〟というナポリ近郊エリアで栽培醸造されるワインで、白も赤もあります。赤ワインの主な品種がピエディロッソ。この品種は軽やかで優しいのですが、強い個性はありません。ワイン単体で飲むと、冴えない印象です。しかし、食事と合わせると実に「いい奴」なのです。

ピエディロッソは、一般的には熟成に向かず、

カンパーニア州

郷土料理

フジッリ・アッラ・ヴェスヴィアーナ

（トマト、モッツァレッラ、バジルのパスタ）

山本尚徳

「ナポリのヴェスヴィオ火山にちなんだパスタ。唐がらしの種や辛いサラミを加えることも。トマトはあまり煮込まず弱火に5〜10分かけて、種からいい酸味を引き出します」

樽を使わない場合が多いのですが、少し冷やすとサラミからトマト料理、魚介料理と、万能に合います。優しい味わいは、同州を代表する魚料理のアクアパッツァとの相性も抜群です。

僕がカンパーニアの料理とワインの会をする時、ピエディロッソは欠かせません。なぜなら会が終わった後、参加した人たちが「あの料理はおいしかった」と繰り返し言うのがピエディロッソと合わせた一皿である場合が多いからです。皆、ワインの名前は忘れても、料理がおいしかったことは後々まで憶えている。ソムリエにとって、こんな嬉しいことはありません。

今回は、フジッリ・アッラ・ヴェスヴィアーナと合わせてみましょう。具材はトマトにバジル、モッツァレッラ。パスタは、乾燥パスタの聖地、同州のグラニャーノ産フジッリ。パスタの小麦粉の風味を楽しむには、ピエディロッソの控えめさがちょうどいいですよ。そして食べ終わったら、ピエディロッソに声をかけてやってください。「お前のことはわかっているよ」って。

アリアニコ（赤）

「南イタリアの野菜フレーバー」

カンピ・タウラジーニ〝クレタ・ロッサ〟／イ・ファヴァーティ

「牛肉のピッツァイオーロソース」というナポリの伝統料理があります。一説によると、ピッツァ職人が肉を焼いて食べようとしたら、肉がピッツァソースの中に落ちてしまい、食べたら旨かったというのが由来のようです。このピッツァソースにもぴったりな品種、アリアニコのお話です。

北部中部イタリアを代表する土着品種の赤がネッビオーロ（p24）とサンジョヴェーゼ（p104）なら、南の代表品種はアリアニコです。アリアニコは古代ギリシャ、いわゆるマグナ・グラエキア（大ギリシャ）にその起源を遡ることができる、筋金入りの土着品種です。今もカンパーニア州全域、モリーゼ州、バジリカータ州、カラーブリア州、そしてプーリア州の北部で栽培されています。

アリアニコは火山性の土壌を好み、南の品種にしてはタンニンや酸味がしっかりあり、長期熟成にも向きます。そんなことから、アリアニコを使った代表的なワインのタウラージは南のバルバレスコとも言われてきました。他のワイ

カンパーニア州

郷土料理

カルネ・アッラ・ピッツァイオーラ・ナポレターナ

寺床雄一
「ピッツェリアにある食材で作れるナポリの家庭料理。仔牛や成牛のもも肉を薄く切ってさっと焼き、トマト、にんにく、オレガノ、唐がらし、バジルのソースで軽く煮込みます」

ン同様に、濃いリゼルヴァタイプがもてはやされていた頃は、アリアニコも樽熟成した濃い造りが好まれました。しかし、その傾向は変わりつつあります。アリアニコの、アリアニコたる特色は、青っぽい野菜フレーバーにあります。これが、冒頭のピッツァソースのトマトや、南イタリアらしい野菜の、なすやしし唐類にピッタリ合うのです。ブドウ本来の果実味や土着性を評価する時代になると、アリアニコもやっと重いコートを脱ぐ時がやってきました。樽や熟成で隠されてきた本来の野菜フレーバーが堂々と振りまけるようになったのです。

フレッシュなタイプは、赤ワインでも野菜料理の食中酒としておすすめです。地元では、樽使いをしていないお手軽なアリアニコが、野菜のソットオリオ（オリーブオイル漬け）や、パン粉をまぶして軽く焼いた野菜など、農園風料理と一緒に楽しまれています。

日本の夏野菜や野菜惣菜とも合います。ピーマンの肉詰めなんて、バッチリでしょうね。

ビアンコレッラ（白）

「気分は島の楽園」

イスキア・ビアンコレッラ／カーサ・ダンブラ

カンパーニア州は土着品種のブドウの宝庫です。イタリアの土着品種の中には、近年になってDNAが確認され、栽培に力が入れられるようになったものもあります。が、カンパーニア州の場合は昔から土着品種の支持が強く種類も豊富。国際品種を受け入れてこなかった土地です。ゆえに、訪れるべき場所に事欠きません。

僕は、カンパーニア州のワインを理解するのは10年がかりと腹をくくっています。赤品種のアリアニコ（p134）だけでも、産地が10ヵ所ほど点在してキャラクターも異なります。ここで紹介するのは、特徴的な島の白ワインです。

ビアンコレッラは、主にイスキア島とアマルフィで見られる品種ですが、真価を発揮しているのはイスキア島。この島は古代ギリシャ時代から、外海から渡ってきたブドウのハブ的役割を果たし、島で病害虫の被害がないことがわかると、ブドウは本土に上陸しました。

イスキア島にビアンコレッラの分布が集中しているのは、通り過ぎていった幾多の品種の中

カンパーニア州

郷土料理

ボンゴレ・ビアンコ

佐々木 満

「にんにくにアンチョビーをほんの少し効かせたオイルであさりと少量のトマトを煮込むだけ。あさりの塩気とアンチョビーのコク、トマトのほのかな酸味と香りの相乗効果が決め手です」

でも、最も島に適していたからでしょうか。あるいは島民が、島に留めておきたいと考えたからかもしれません。

ビアンコレッラは、島独自のワインとして個性化します。特筆すべきは、ミネラル感です。イスキア島はその大半が山で、ブドウ畑も山の斜面に広がります。その急斜面ぶりは、僕がこれまで見てきた中でも指折りの厳しさ。途中までは車で登れますが、最後は徒歩でないと辿り着けません。この斜面で海からの風を全身で受けたブドウが、口に含むとガシガシするミネラル感のあるワインになるのです。

イスキア島では魚介類も名物の穴うさぎもビアンコレッラと合わせます。人々はビアンコレッラのミネラル感を信じているのだと思います。

そのパワーを日本で味わうなら、ボンゴレのパスタです。ワインも塩も使わない、貝が含む旨みと塩味だけのシンプルな調理法で。これをビアンコレッラのパワフルなミネラル感と一緒に流し込めば、気分は島の楽園です。

ファランギーナ（白）

「場末のピッツェリアで」

ファランギーナ・ダナエ／ワルタリア

いつから造られ、どこからやってきたのか？　確かなことはわからないけれど、ローマ帝国時代にすでに栽培されていた品種がファランギーナです。日本人と同じく公共浴場（テルマエ）が大好きだった古代ローマ人は、一日の疲れをこのワインで癒やすことがあったのかもと想像してしまう、歴史ロマンあふれる品種です。決して稀少な存在ではなく、現在も気軽に大量に栽培されています。カンパーニア州での消費量はナンバーワンで、現地でピッツェリアに入ってワインを頼むと大抵エチケットのないボトルが無造作に出てきますが、これが大抵ファランギーナです。こういうシチュエーションで出てくるファランギーナは、ややひねているか、味がないか、アルコール分だけを味わっている感じが多い。そして、ピッツァ・マリナーラのにんにくと不思議とよく合います。「ああ、土地の洗礼を受けたな」と感じるのはこういう時。これが一番フランクな造りのファランギーナだとすると、もう少し丁寧に醸造されたものは果

カンパーニア州

郷土料理

ピッツァ・マリナーラ

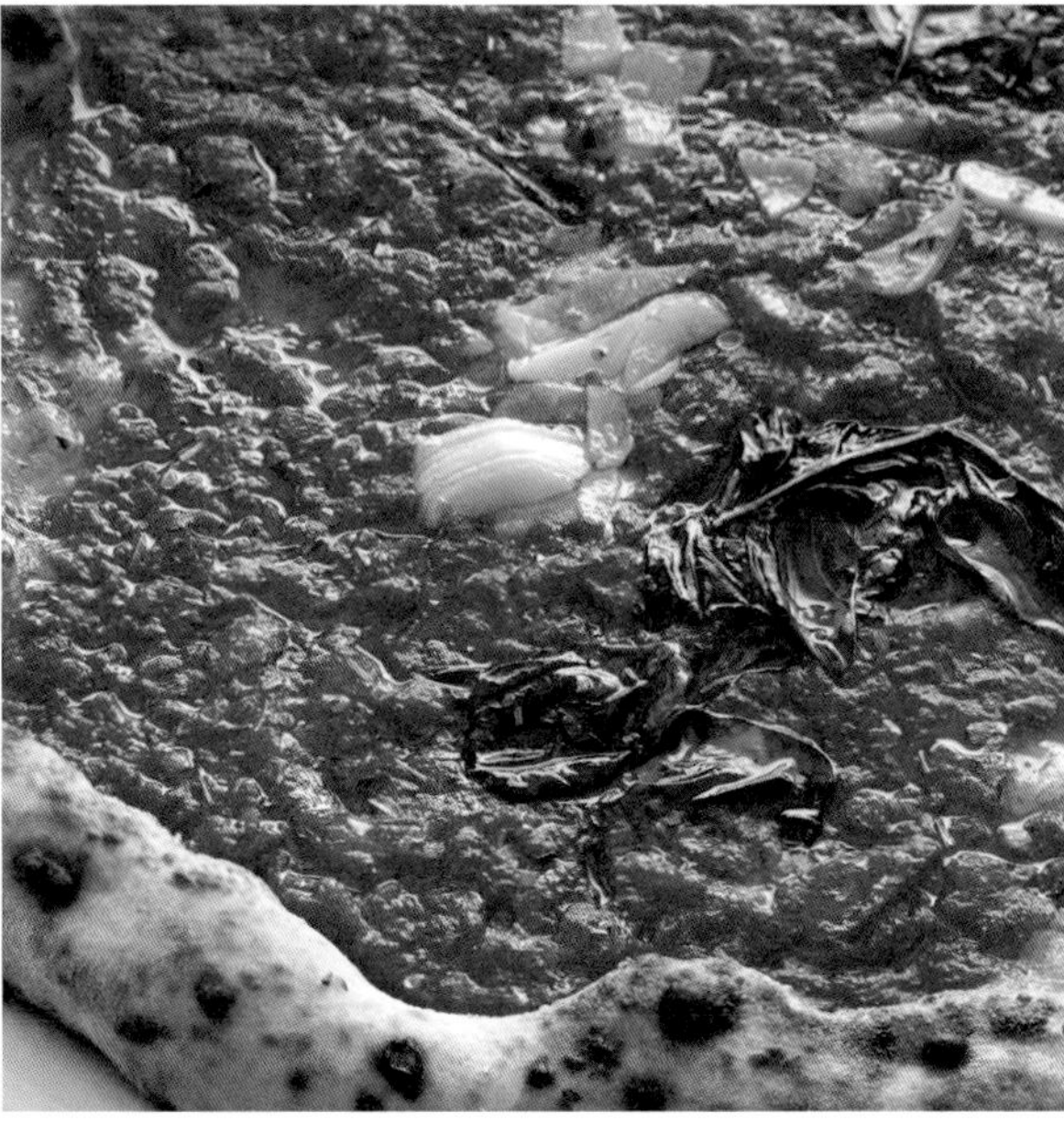

河野智之
「基本はトマトソースににんにくとオレガノ。でも店ごとに味が違う。僕の働いていた店ではオイル漬けにしたにんにくとバジルものせていました。ナポリっ子はこれにアンチョビーなど好みのトッピングをします」

実の香りがきちんとあります。これまた喧嘩することなく、にんにくの香りを上手にマスキングする効果があり、ピッツァ・マリナーラとよろしいのです。

南のゆるい文化の中で、ゆるく作られてきたブドウですが、本気モードのハイクラスもあります。ナポリ湾の北側を通って西側の火山性土壌のファレルノあたりは由緒ある場所で、キャラクターのはっきりとしたすばらしいワインを生み出しています。

ローマ帝国時代、カエサルに献上されていたワインの産地がこの辺り。しっかりしミネラル感があり、洋なし、メロン、バナナや白桃などのフルーツ香も多彩で、やればできるファランギーナの実力を見せてくれます。このクラスになるとリストランテ用です。幅があって楽しい品種ですが、ソムリエとしての自意識を横に置き、ダメダメなファランギーナが出てくるとわかっていながら場末のピッツェリアの扉を開ける瞬間が、僕は嫌いではありません。

グレコ（白）

「若くても、熟成してからも、よし」

グレコ・ディ・トゥーフォ／カラフェ

ナポリから車窓にヴェスヴィオ火山を眺めつつ内陸方面へ向かうと、南イタリアの偉大な赤ワイン、タウラージで有名なイルピニア地方に到着します。この地方は、赤のタウラージに限らず白ワインの銘醸地でもあります。カンパーニア州にはおよそ300種類の土着品種があると言われますが、白ワインの代表選手はといえば、フィアーノ・ディ・アヴェッリーノとグレコ・ディ・トゥーフォということになるでしょう。

両ワインの産地もまたイルピニア地方です。いずれも「どこどこの土地の」という意味で「ディ」が付いていますが、横長な長方形のイルピニアエリアのやや西側がタウラージ、タウラージから見て南側の丘陵地帯がフィアーノ・ディ・アヴェッリーノ、そしてアヴェッリーノの北側がグレコ・ディ・トゥーフォと分かれています。トゥーフォは火山性土壌のことで、そこではスリムでミネラリーな白ワインが生み出されます。しかし単純なワインかというと、そ

カンパーニア州

郷土料理

ポルポ・アッフォガート（溺れだこ）

小谷聡一郎

「たこは火を入れると水分が出るので〝溺れだこ〟。現地では土鍋で作るといいと言われます。にんにくと唐がらしを炒めてたこを入れ、トマトと白ワインを加えゆっくり火を通します」

うではありません。表面的には水のような、無表情にも思えるのですが、じっくり飲むと染み出るような旨みがあり、実は長期熟成にも向きます。

若いうちは硬い印象で、酸やミネラルのシャープな感じが、ややもするとアグレッシブな印象を与えることもあります。言い換えれば、フレッシュでキラキラしたミネラル感とその勢いであり、魚介類なら特に、いかやたこによく合います。トマトソースの植物香との相性も非常によいので、ナポリの郷土料理のポルポ　アッフォガートや貝類ともベストマッチです。

そして熟成すると酸がまろやかに。表情も出てきてペトロール香が感じられるようになります。熟成したグレコ・ディ・トゥーフォには、うさぎ肉など白身肉のオーブン焼きや、熟成したチーズが合います。繊細で奥深いワインですから、存分に理解するには、きちんとしたワイングラスで飲むことをおすすめします。若い時、そして熟成してからも、それぞれに魅力的です。

フィアーノ（白）

「ミツバチに愛されて」

フィアーノ・ディ・アヴェッリーノ／チロ・ピカリエッロ

カンパーニア州には、古代ギリシャ・ローマ時代から途切れることなく栽培されてきた筋金入りの土着品種が多く存在します。フィアーノもそのひとつ。フィアーノは、ラテン語で別名を「アピアヌム」といいます。アピはミツバチのことで、〝フィアーノのブドウは甘い香りがしてミツバチがたくさん寄ってくる〟という意味です。シチリア州などでも栽培されている品種ですが、カンパーニア州イルピニア地方のアヴェッリーノに育つフィアーノの名声が高く、1978年にDOC、2003年にDOCGに認定されました。アヴェッリーノは、グレコ（p140）、タウラージ（p134）の産地でもあり、南イタリアの土着品種を語る上で非常に重要な場所です。

この産地は、南北に向かってちりとりのような形状で、南で発生した霧が箱形の北部に溜まります。この霧がフィアーノに貴腐菌をつけ、甘い芳香性を与えます。土壌は石灰粘土のため、ワインはミネラル感溢れ、オイリーさがあり、辛口でパワフルな骨格を有します。まとめ

カンパーニア州

郷土料理

カチョカヴァッロの焼きチーズ

山崎大志郎

「イタリア語で〝カチョ〟はチーズ、〝カヴァッロ〟は馬の意味。紐で縛って吊るした様子が馬の鞍にぶら下げた袋のようだから、この名がついたとか。南イタリアのチーズで、現地ではそのまま切って前菜などで食べることが多いですが、うちは自家製なので熟成の頃合いを見て焼いています」

ると、フィアーノ・ディ・アヴェッリーノは、甘い香りから想像する味を裏切って、口にすると非常にドライでパンチが効いたワインです。この香りと味わいのギャップを、マーケットがどう受け止めたか。

1990年代の途中まで、甘い香りは好まれました。その後、赤ワインや辛口がもてはやされると、特色ある香りを抑える製法が増えました。調和型のモダンなフィアーノ・ディ・アヴェッリーノがこの時、生まれます。しかしその後は、伝統的な蜜の芳香性も再評価されるようになりました。結果、モダンと伝統の並走という感じでしょうか。モダンなタイプは現代的でグローバルな料理にもよく合いますし、昔ながらのタイプは、肉類やチーズと合わせると個性的なアッビナメントが楽しめます。ここでは伝統的な蜜のニュアンスに合わせてみますね。ミツバチに好まれたと言われる元来の香りを、まずはご堪能ください。

プリミティーヴォ（赤）

「夏も冬も、野菜も魚も肉も」

イエマ／ラストーレ・マッセリア

プーリアの州都、バーリの空港に近づくと、空から森のように広がる緑が見えます。近づくとオリーブ畑であるのがわかります。プーリアのオリーブオイル生産量はイタリア一。オリーブの木は、北イタリアでは矮化栽培で小さく木を仕立てることが多いのですが、南では樹齢の古い巨木が樹海のように続き、その風景は圧巻です。

イタリアの「かかと」、南北に長い海岸線を持つプーリアは海の幸が豊富。塩、オリーブオイルで焼く、マリネする、といったシンプルな料理には白ワインが合いそうです。しかし、プーリアで白ワインは非常に稀。特に中南部プーリアでは、地元の人たちの食事のお供は赤品種のプリミティーヴォにほぼ集約されます。夏も冬も、野菜も魚も肉も、プリミティーヴォをぬるい常温で飲んでいる。垢抜けない印象ですが、現地で飲んだ温度感が体に残り、今もいい思い出です。東京のレストランなら、ありえない温度。それにしても、どうして白がないのでしょ

プーリア州

郷土料理

チーメ・ディ・ラーパのオレッキエッテ

江部敏史

「プーリアの春と言えばこの一皿。菜の花に似た風味のチーメ・ディ・ラーパをオレッキエッテと一緒にクタッと茹で、にんにくとアンチョビーの香りを移したオリーブオイルでシンプルにいただきます」

うか。暑い地域はブドウがレーズン化しやすいため、現代のような設備が整うまでは、クリアな白ワインを造る策がありませんでした。歴史的には黒ブドウがこの地のワイン造りに都合が良かったのでしょう。

　そしてプーリアの内陸部は肉食です。サルーミ類もお見逃しなく。マルティーナ・フランカ産カポコッロ（豚頸肉のサルーミ）なんて最高です。これにもチェリーのような果実味にゼラニウムのようなハーブ香、樽を使わないプリミティーヴォがぴったりです。個人的嗜好もありますが、内陸のバラエティに富んだ肉料理にはキレイすぎず、素朴で田舎っぽいタイプを合わせるのがよいと思います。しかし最近は、技術の向上で随分キレイに仕上がったプリミティーヴォが注目されています。これもまたよし。ここでのセレクトも、鮮度を生かして上手に造ったタイプ。プリミティーヴォの入門編として、また、野菜料理や日本の食卓にもおすすめの一本です。

ネグロアマーロ（赤）

「〝黒苦〟ワインの居場所」

サリーチェ・サレンティーノ〝トッレ・ノーヴァ〟／ナタリーノ・デル・プレーテ

南イタリアの夏、海沿いのシーフードレストランはどこも大賑わいです。テーブルの上には、カチカチに乾いた硬いパンと、ケイパーやオリーブの酢漬けなどが常備されていて、これらをつまみながら料理を待ちます。ワインはといえば、木製の飾り棚に並び、冷やされることなく常温で供される。水の方が冷たいぐらいです。

こんな状況下で出会うネグロアマーロは手ごわい。飲んだ瞬間に鉄分がぐわんときて、青臭くむせ返るような植物の香りは、夏の庭に転げ落ちたように衝撃的です。「このままではダメだ。何か口に入れないと」と酢漬けのケイパーに助けられる。こうしてプーリアの海辺での食事は始まります。

同じくプーリア州の土着品種、プリミティーヴォ（p144）もかなり強面ですが、ネグロアマーロを前にしたら、かわいいもの。なにせ、ネグロ（黒）アマーロ（苦い）ですから。

しかし、この品種にも居場所はありました。プーリアの人々は、日本人みたいに生うにを食

プーリア州

郷土料理

生うに

小西達也

「イタリアでは珍しく、プーリアは貝も生食するし生うにもよく食べます。イタリアのうには小粒で、殻についた身は少ないけど味が濃い。塩はせずに、海水をつけて食べていましたね」

べます。店で頼むと、大抵アルミ皿に殻つきてんこ盛りでやってきます。うに独特の海藻由来のヨード香は、ネグロアマーロの剛腕な個性と見事に絡みます。常温の生温い感触も、うにのネットリした食感とぴったりくる。海辺の黒苦な赤ワインは、臆せず海のものと。それも、海が濃縮したような濃い味と合います。青魚もいいですね。他のワインが苦手とする個性的な食材こそ、この品種が得意とする相手です。

オリーブもブドウもイタリア有数の生産量を誇るプーリアは、歴史的に原材料供給地で、加工技術は他州に大きく後れをとりました。しかし土着品種が注目されるようになると、ネグロアマーロにも飲みやすく醸造する動きが起きました。最近は随分飲みやすいネグロアマーロもあります。が、僕には名前負けした別人に思えてしまう。本来の個性を生かして食卓の中の居場所を見つける。それが狭い場所だっていいのにと思うのです。

ネロ・ディ・トロイア（赤）

「しっかり勉強したら化けそう」

カステル・デル・モンテ・リゼルヴァ〝イル・ファルコーネ〟／リヴェラ

古代ギリシャの詩人、ホメロスの叙事詩「イリアス」にトロイア戦争の記述があります。ギリシャの先史時代、エーゲ海の交易の中心だったとされるトロイアは、場所や実在性が議論されてきました。そして1871年、ドイツの考古学者シュリーマンが、今のトルコでトロイア遺跡を発掘します。

プーリア州の三大黒ブドウのひとつ、ネロ・ディ・トロイアは、この超古代都市の名のついた品種で、北プーリアのフォッジャで昔から栽培されています。南イタリアに入植した古代ギリシャ人は、フォッジャをトロイアと呼び、彼らが住み始めた頃には、すでにこのブドウはあったという話もあります。他の二つ、プリミティーヴォ（p144）はサレント半島の付け根側、ネグロアマーロ（p146）は、同じくサレント半島の中心部から先端にかけて栽培されてきました。

三大黒ブドウはいずれも歴史的品種なのに州の自主性がなく、イタリアが土着品種ブームに沸いても、乗り遅れていました。特にネロ・

プーリア州

郷土料理
馬のブラチオーレ

濱崎泰輔
「プーリアは牛肉より羊、ロバ、馬肉の料理が豊富です。〝ブラチオーレ〟とはロール状に巻いたという意味。馬肉で、叩いて刻んだイタリアンパセリ、にんにく、ペコリーノロマーノ、黒こしょうを巻き込み、たこ糸で縛ってトマトソースで煮込む。シンプルな伝統料理です」

ディ・トロイアは、その傾向が強い。栽培面積も限られてタンニンが強く、使いこなすのが難しいブドウと言われ、ブレンドのパンチ出しに使われてきたので、後回しにされてきたのでしょう。ごく最近になって「こいつもいけるかもね」的に、研究が本格化したというところでしょうか。先ほど言ったように、タンニンはあるのですが、他の黒ブドウ2品種ほど濃すぎず、時折みせる優美さもあります。熟成できる性質のため、上質なワインという方向性も見出しました。2011年、ネロ・ディ・トロイアの栽培エリアであるカステル・デル・モンテがDOCGに認定されると、生産者も醸造家も俄然張り切りだしました。これから要注目の存在です（2016年時点）。評価が固まっていないからこその面白さ。優等生ではないけれど、しっかり勉強したら化けるかもしれません。

基本的な性格は、色は青みがかった濃い赤で、赤い花に甘草の香り、しっかりとタンニンがあります。プーリアの郷土料理に合わせるなら、鉄分のある赤身肉、馬肉はぴったり。

ボンビーノ・ネロ（ロゼ）

「赤ワインにはなれなかったけれど」

カステル・デル・モンテ・ロゼ／リヴェラ

中世の名君主。そして芸術や科学でも才能を発揮し、天才と呼ばれた神聖ローマ帝国皇帝のフェデリコ2世は、プーリアを愛した人物でした。1240年に建てられたカステル・デル・モンテもその偉業の一つ。八角形の城は世界遺産として知られています。このカステル・デル・モンテ周辺で主に栽培されているブドウがボンビーノ・ネロです。歴史的に赤ワインが中心のプーリアには、北部のネロ・ディ・トロイア（p148）、中南部のプリミティーヴォ（p144）、南部のネグロアマーロ（p146）といった代表的黒ブドウ品種があります。いずれも凝縮感のある品種ですが、これらとは性質を異にするのがボンビーノ・ネロです。水分が多く、圧搾しなくてもジュースがたっぷりとれる。このタイプは、赤ワインにすると水っぽくなってしまい高い評価を得られません。そこでこの品種は、1970年代からロゼとしての道を歩んできました。

昔のロゼは、赤ブドウと白ブドウを混ぜて造

プーリア州

郷土料理

バーリ風　ティエッラ

高桑靖之

「ティエッラという陶器で作るオーブン料理で、プーリアでは必ず米とじゃが芋とムール貝が入ります。ムール貝の口を生の状態でナイフで開き、中に溜まった塩水を取り置いて料理に加えるのが現地流。ムール貝の旨みを吸った米と芋、トマトの酸味にきりっと冷えたロゼがぴったりです」

るおおらかなものが多かったのですが、高品質なロゼを造るため、ボンビーノ・ネロは浸漬法といって、途中まで赤ワインと同じ醸しを行い、色付いたら果汁を果皮から離します。色調は、一般的なロゼに多いサーモンピンクではなく、濃度をもった美しいバラ色になります。こうして、カステル・デル・モンテ・ボンビーノ・ネロは、イタリア初のロゼのDOCGに認定されます。ほどよくタンニンやボディがあってアロマティックでないロゼは、魚料理、白身肉、野菜料理、何と合わせても万能です。イタリア料理だけでなく中華などと合わせるのもおすすめで、もやしのナムルや春雨サラダなんかもいいですよ。

　プーリアは昔からトスカーナ・ロゼ、アブルッツォ・ロゼ、ヴェネト&ロンバルディアのキアレットなどと並び、イタリア国内ではロゼの名産地として知られています。ロゼ人気は世界的にも高まっているので、代表選手のひとつとしてプーリア・ロゼを覚えてくださいね。

アリアニコ・デル・ヴルトゥレ（赤）

「笑っちゃうほどアリアニコな場所」

モス／マストロドメニコ

偉大な品種なのに楽しみ方をあまり理解されていない、もったいない土着のブドウ。その筆頭にアリアニコがあります。

ギリシャから南イタリアに伝わったアリアニコはカンパーニア、モリーゼ、プーリア、バジリカータ、カラーブリアの5州で栽培されています。特にカンパーニアとバジリカータでは、火山性土壌に由来する厳格なミネラル感を湛えた、すばらしい熟成型ワインが造られています。

バジリカータは知られざる州ですが、古代ギリシャ人が南イタリアに入植した最初の土地のひとつで、ブドウと共にワイン造りが伝えられました。古代ラテン語でアリアニコは〝ギリシャの〟という意味。カンパーニア州の品種としても紹介しましたが（p134）、今回はバジリカータ州のアリアニコです。

バジリカータ州の中での名産地は、ヴルトゥレという北の内陸部。ヴルトゥレは火山名でもあり、有名なヴェスヴィオ火山よりも大きく、土地の守り神として崇められてきました。火山

バジリカータ州

郷土料理

しし唐のマリネ

内藤和雄
「しし唐は、しなしなになるまで焼かないと甘みが出てこないので、油はひかず、焦がさないよう弱火でじっくり焼くことが、最大にして唯一のコツ。途中でにんにくを加え、塩は焼き上がってから軽く振ります。最後にオリーブオイルをかけて常温で放置することも忘れずに」

の麓がワインにとっての聖地です。

南からヴルトゥレに向かう道に、ほとんど車の姿はありません。山に向かって独りでひたすら車を走らせていると、不思議な陶酔状態に。景色に吸い込まれる感覚に襲われます。ヴルトゥレは、ワインに関してはほぼアリアニコ・デル・ヴルトゥレだけです。笑っちゃうほどアリアニコな場所。ここではデザートワインもアリアニコです。店に入ると大体タラッリ（乾パンのような硬いパン）にサルーミ、そしてしし唐、なすなど、野菜のマリネがセットで出てきます。

アリアニコとの相性で特筆したいのが、特にしし唐。素直に造ったアリアニコには独特の芳香剤的香りがあり、日本では嫌われがち。ところがしし唐と合わせると、まあびっくり。劇変します。実はこの組み合わせ、僕のアッビナメント・マジックショーの鉄板だったりします。ということで、今回は自ら料理も担当します。騙されたと思って、お試しください。

ガリオッポ（ロゼ）

「唐がらしとの運命的な出会い」

チロ・ロザート／リブランディ

カラーブリア州の食卓には、赤、白、緑、黒のカラフルな生唐がらしが並びます。前菜のサラミがテーブルに運ばれると、人々は銘々皿の上に、まずオリーブオイルを注ぎます。そこに生唐がらしを加え、オイルに辛みを移します。好みの辛さに調整できたらサラミと絡めながら食事が始まります。

同州の料理には、ほとんどと言ってよいほど唐がらしが使われています。豚肉と唐がらしを一緒に発酵させるサルーミ「ンドゥヤ」は、奥行きある香りと味わいで病み付きになる魅力があります。生しらすを唐がらしとオリーブオイルに漬けた「サルデッラ」もまたユニーク。「どんだけ唐がらし好き？」というカラーブリア人ですが、彼らは好き好んで唐がらしを食べてきたわけではありません。山が多くて痩せた土壌、おまけに酷暑という過酷な環境では、唐がらしは一食材という存在を超えて、カラーブリア人のアイデンティティを成す基本調味料といってよいでしょう。

カラーブリア州

郷土料理

キタッラ・アッラ・ンドゥヤ

（唐がらし入りサルシッチャのパスタ）

ジェルマーノ・オルサーラ

「トマトとリコッタのマイルドなソースに少量のンドゥヤでコクと辛みを与えたパスタ。オリーブオイルにバジルと少量のンドゥヤを潰しながら温め、トマトと最後に少量のリコッタを加えます」

一般的に、唐がらしの辛みはワインと合いません。木樽のタンニンは辛みと一緒になると最悪で、ワインとの相性もよくないのです。しかし神様はいるもの。カラーブリアにしか育たないガリオッポは、タンニンが少なく唐がらしの辛みを引っ張りません。また、カラーブリアは経済的に貧しく、ワインを熟成させる小樽も満足に買うことができなかったのですか、これが幸いして樽香が辛みとぶつかることのないワインとなりました。運命的ですね。

カラーブリアのワイン畑は、ほとんどが海沿いに広がります。冷蔵技術のない時代、イタリアで最も過酷な暑さのこの地では、過熟しやすい白ブドウは黒ブドウに混ぜてロゼワインに、または天日干しにしてデザートワインにするのが伝統でした。伝統製法のデザートワインは今なお健在です。素朴なブドウ畑が海沿いに延々と続き、羊飼いが行き交う風景もまた、20年前とあまり変わりません（2011年時点）。この変わらない風景も、カラーブリアのよいところです。

グレコ・ビアンコ（白）

「古代ギリシャのロマンを探して」

グレコ・ディ・ビアンコ／カンティーナ・ラヴォラータ

イタリアワインの歴史の幕開けは、ギリシャ人が伝えた栽培、醸造法にあると言われてきました。紀元前500年頃、南イタリアとシチリア島はマグナ・グラエキア（大ギリシャ）と呼ばれ、ギリシャ人入植の拠点でした。イタリアの土着品種名にはグレコを冠するものがいくつかありますが、ブドウの源流がギリシャにあることを物語っています。グレコ・ビアンコもそのひとつ。ここから伝播して、カンパーニアではグレコ（p140）、ウンブリアではグレケット（p118）、エミリアではピニョレットになったというのが定説です。

マグナ・グラエキアの時代、カラーブリア州はイタリア文化の中心地でした。かのピタゴラスが学派を構えたのも同州のクロトーネです。そんな歴史的ロマンにも惹かれ、四半世紀ほど前に現地を訪れました（2012年時点）。果たして待っていたのは、廃墟のように荒涼とした風景でした。海から切り立った山には耕作放棄されたブドウ畑が何十㎞も続き、灼熱の太陽が降り注いでいました。かつて栄華を誇ったワイ

カラーブリア州

郷土料理

アーモンドとピスタチオのタルト リクリッツィアのムース

ジェルマーノ・オルサーラ

「カラーブリアの海沿いには、昔からアーモンドの木がたくさん自生していて、ドルチェにもよく使います。今日はピスタチオと合わせてタルトに。リクリッツィア（甘草）も昔からお菓子やリキュール、料理に使われてきましたが、ムースにすると軽く、口の中をさっぱりさせてくれます」

ン文化の残像が、止まった時間の感覚と共に記憶に焼き付きました。

グレコ・ビアンコは、今のように醸造設備が発達する以前から、収穫後にブドウの実が腐敗しないよう太陽と風にさらし、天日干しを行ってから甘口に醸造されました。実は、ある時出会ったこの地の甘口ワインが、このブドウに興味を持つきっかけとなりました。それは個人史上最高といっても過言ではない、すばらしいワインだったからです。生産者に会いたくて現地を訪れたのですが、残念ながら亡くなられていました。蔵も存続していませんでした。

甘口のすばらしいグレコ・ビアンコに出会う確率は、イタリア国内でもほとんどありません。しかし灼熱のカラーブリアを思う時、この地を代表する唐がらし料理や果実のアプリコットと、甘口のグレコ・ビアンコとの格別な相性は忘れることができません。

フラッパート（赤）

「柑橘が香る島ワイン」

ヴィットーリア・フラッパート〝マンドラゴーラ〟／パオロ・カーリ

イタリア半島の「つま先」に浮かぶシチリア島は、海上の要衝であったために様々な民族から侵略を受けてきました。主に島の西側はアラブ、東北部はノルマン、南東部はギリシャの侵略を受け、この歴史が食文化を複雑で豊かなものにしました。他国の食文化を見事に自分たちのものにしたシチリア料理は、イタリアをはじめ世界各国、そして日本でも人気が高い料理です。

シチリア料理には、これがなければ始まらない、という香りがあります。島を歩いていると香ってくるレモンやオレンジの香りです。料理にも欠かせません。前菜、パスタ、メイン、あらゆる料理にレモンやオレンジの果汁を搾ったり、すりおろした皮を加えます。魚介類に柑橘の香りを必ず合わせるのもシチリアならでは。エビやかじきまぐろがオレンジやレモンの香りとこれほど相性がよいとは驚きです。そして、この柑橘の香りにピッタリなのが島南東部のみに育つ土着品種、フラッパートのワインです。

フラッパートを使ったワインの代表は、チェ

シチリア州

郷土料理

ペッシェ・スパーダ・アル・リモーネ

石川 勉

「シチリアは柑橘の産地だから一年中料理に使います。かじきまぐろをレモン果肉とトマト、セロリとソテーして、仕上げにレモン汁とオリーブオイルを加えて煮詰め、ローストしたアーモンドを散らして」

ラスオーロ・ディ・ヴィットーリア。フラッパートとネロ・ダーヴォラ（p162）を5：5、もしくは4：6でブレンドします。ネロ・ダーヴォラはシチリア全土に育つ品種で、場所や醸造法によって器用に味わいを変えますが、フラッパートは土壌を選び、かわいらしい可憐なオレンジ風味という基本的性格は変わりません。このオレンジ風味が、まさにシチリアの味に合います。ここでは、フラッパート100％のワインをご紹介しましょう。フラッパートの個性がしっかり感じられるのは、伝統的に大樽を使って樽香をあまりつけないタイプか、現代的醸造ならステンレスタンクで果実味を生かしたものです。

最後に余談をひとつ。夏、日本人は冷製パスタをよく食べますが、これは日本人の発明で、イタリアではめったに冷たいパスタは食べません。イタリア風にいくなら、夏でも室温くらいの温度感のパスタを地ワインと合わせていただきたいです。

カタッラット（白）

「かつては影の存在、今はシチリア代表」

アルカモ・ビアンコ／テヌータ・ラピタラ

シチリアのマルサーラ酒は、冷蔵技術のない時代、保存性を高めるために酒精強化されたワインです。今では飲料というより料理やデザート用というイメージが強いでしょうか。このマルサーラ酒の原料がカタッラットという品種のブドウです。

低温での醸造や流通が可能になると、マルサーラ酒の原料としてだけではなく、スティルワインとして醸造されることが多くなりました。シチリアでは最古の品種と言われ、場所を選ばずに育つので、島で最も生産量が多いブドウです。こんな言い方はなんですが、大量生産してもそこそこ楽しめるワインになる品種。島らしいエキゾチックなアロマが少しありますが、それ以外は淡々として料理を選ばない。同じくシチリアの土着品種でも、柑橘系のアロマがあって高級品種とされるグリッロ（ｐ１６６）や、ソービニヨン系の草っぽい香りのするインツォリア（ｐ１７０）などと比べてカジュアル感が強いのがカタッラットです。

シチリア州

郷土料理 パネッレ

「ひよこ豆の粉と水、塩で作った生地を冷やし固め、高温の油で揚げてつまみに、あるいは屋台で揚げたてにレモンを搾ってパニーニに。シチリアの暮らしに欠かせない一品」
中村嘉倫

そんなカタッラットを欲する瞬間があります。僕の場合、シチリアのストリートフードを代表するひよこ豆の粉を揚げたパネッレを食べる時。もちろんビールでも合いますが、カタッラットを飲みながら食べると豆の風味が際立ちます。レストランでパネッレが出てくるだけで気分はシチリア。そんな時にカタッラットとの組み合わせは最強です。

島の西側北部のトラーパニとパレルモの間にアルカモ・ビアンコという、カタッラットが主体のワインの産地がありますが、そこで最近はカタッラット100%のワインも造られるようになりました。

かつてはマルサーラ酒の原料として品種名を意識されなかったカタッラットですが、今は島の代表品種として名前が知られています。

ところで冒頭のマルサーラ酒ですが、日本以外では今も愛飲されています。そして料理用ではない非常に品質の高い小規模生産のマルサーラ酒もあります。こちらも気になるでしょ？

ネロ・ダーヴォラ（赤）

「濃いやつって呼ばないで」

タリア・ネロ・ダーヴォラ／シリオ

シチリア島は、四国の約1・4倍の大きさ。回ってみるとその広さを実感します。そして、島を巡って肌で感じるもう一つが、地域による貧富の差です。豊かなのは主に西側の都市。特にマルサーラは海外向け酒精強化酒、マルサーラ酒の生産出港地として大いに繁栄しました。しかし、恩恵を受けたのはごく一部の人々です。ここからはドン・コルレオーネの世界なので深入りしないでおきましょう。ともかく島にとって、ワインは今も昔も外貨を獲得する重要な産物ですが、農家の大半は今も昔も貧しい。今回お話しするネロ・ダーヴォラは、島のほぼ全域で栽培される土着品種で、本来は素朴で優しいワインになるブドウですが、愛想のよい田舎娘のような純朴さが災いし、都合よく変身させられる運命を迎えます。

1990年代、濃い赤ワインがもてはやされると、生産コストが安くて簡単に濃い味わいを

シチリア州

郷土料理

いわしのシラクーサ風パスタ

見崎英法

「香草オイルでコンフィにしたいわし、マルサーラ酒漬けのレーズン、松の実、アンチョビーと保存食だけで作るパスタ。イタリアンパセリとアンチョビー、ケイパーを混ぜたパン粉が全体をまとめます」

出せると目をつけられたのが、この品種でした。どんどん造り込まれてサイボーグのようになり、やがて濃いワイン代表のイメージが定着します。濃いワインブームが去ると評価は一気に下がりましたが、素顔で勝負できるようになったのはごく最近です。ステンレスタンクできれいに、あるいはセメントタンクで素朴に。内陸部は少々酸が出て、海に近ければエキゾチックに、〝らしさ〟を発揮できるようになりました。しかしブドウの原価は安いまま。大半の農家は自前で醸造できるほど豊かではありません。積極的に投資しているのは、外部からやってきた資金のある醸造家や一部の豊かなワイナリーです。

僕の願いは、このブドウが地元の農家の手で地酒としての役目を全うすること。シチリアで抜群においしい、貧しい素材で作ったクチーナ・ポーヴェラ（庶民料理）とこんなに合うワインはないと思います。

ネレッロ・マスカレーゼ（赤）

「太陽の島の火山ワイン」

エトナ・ロッソ／グラーチ

地中海に浮かぶイタリア最大の島、シチリア島にそびえるエトナ山は、３０００ｍ級の活火山。度々の噴火が今もニュースになります。暑いイメージのシチリア島ですが、標高の高いところは万年氷雪です。遥か昔、古代ギリシャ・ローマ時代の貴族たちは、夏にエトナ山の氷を砕いてハチミツをかけて食しました。これがジェラートの始まりと言われています。現在のエトナ山はワイン産地の注目エリアで、主要な土着品種がネレッロ・マスカレーゼです。火山の噴煙が西に流れるため、ブドウ畑は山の北東から時計回りに南部まで、標高６００～１２００ｍの位置にあります。

ネレッロ・マスカレーゼは、南イタリアの土着品種ながら骨格と優美さがあり、熟成して、たおやかなワインになることから人気となりました。ブルゴーニュのピノ・ノワール、ピエモンテのネッビオーロ（ｐ24）によく喩えられ、シチリア産という意外性も話題を呼んだ要因の一つでしょう。また、樹齢の古い畑が多く残されていたことも魅力で、中にはフィロキセラ（害

シチリア州

郷土料理

パスタ・アッラ・ノルマ
（揚げなすとトマトソースのパスタ）

大下竜一
「シチリアの定番パスタですが、働いていたメッシーナの店では、なすを塩水に浸けてアクを抜いた後、トルキエットという搾り器で水分をぎゅーっと搾ってから揚げます。すると均一に火が通って味が沁みやすくなる。仕上げは塩気の穏やかなリコッタ・アルフォルノを削るのもメッシーナ風」

虫）の被害を受けていないブドウ樹も現存します。かつては北欧などに大量に輸出されていましたが、もっぱらブレンド用ワインに使われ、その品種名を知られることはなかったのです。

赤ワインの志向がボルドー的濃度からブルゴーニュ的繊細さに移行すると、醸造技術を用いてブルゴーニュ的なニュアンスが出せるブドウが注目され、日の目をみたのがこの品種です。複雑にして繊細で、冷涼な高地育ちならではの透明感やフレッシュ感もワインラヴァーの心を摑みました。でも、僕はその奥に火山性由来のミネラル感や、苦くてしょっぱいニュアンスが感じられるのが、この品種らしさだと思います。

合わせる料理で真っ先に思い浮かぶのは郷土パスタのノルマ風。揚げたなすとトマトソースのパスタで、伝統的には羊乳製の、水分を抜いたリコッタ・サラータという、燻製チーズをかけるのですが、このチーズの個性的な風味が火山性ミネラルと非常に調和して、忘れがたい味わいとなります。

グリッロ（白）

「旅立ちの時」

シチリア“ピンツェーリ”／フナロ

シチリア島で最も栽培されている白ブドウ品種は、カタッラット（p160）です。ここでは、島の西側、主にトラーパニ地方に特化した品種のグリッロを取り上げます。カタッラットと比較すると栽培量は少ないのですが、カタッラットとモスカート・ダレッサンドリアの掛け合わせで生まれた品種で、長い間マルサーラ酒の原料として用いられてきました。

マルサーラ酒はポートワインと同じ酒精強化ワインで、一般的にはデザートワインや料理酒として知られています。ポートワインを好んだイギリス人が、同じ嗜好性の下、英国輸出用に開発したワインです。マルサーラ酒には、様々なシチリアの土着品種のブドウをミックスして使うのですが、その中で重要な役割を担ってきたのがグリッロでした。柑橘系のアロマや果実味の豊かさがあり、マルサーラ酒の個性や特異性を支えてきた品種です。

少し前（2016年時点）、シチリアのバール

シチリア州

郷土料理

トラーパニ風クスクス

重田 拓

「現地では〝セモラ〟と呼ばれる粗挽きのデュラム小麦を、新鮮な魚介のだしと水、玉ねぎ、イタリアンパセリのみじん切りと共に蒸した料理です。添えられたスープをかけながらモソモソした食感と独特の風味を楽しむプリモピアット。いかのフリットがのって出てくることも多いですね」

でグラスワインのグリッロを供されました。その時、2000年頃に訪れたトラーパニのワイナリーのことを思い出しました。マルサーラ酒用に卸してきたグリッロを辛口の白ワインとして造っていきたいという話でした。当時は少数派でしたが、その動きが広がり、今はバールで気軽に飲めるワインになったのだと思いました。シチリアは貝を生食する食文化があるのですが、その時、僕はムール、テッリネロカーニ、ルマコーニといった日本でも生で食べない地の貝を市場でさんざん食べた後でした。旨みと塩味が口の中で最高潮に溜まった時、口に含んだのがバールのグリッロだったのです。その印象は鮮烈でした。グリッロの柑橘感と果実味が、すべてを包み込んでくれたのです。「グリッロよ、ありがとう」と呟くと同時に、単一種のワインとしての旅立ちを嬉しく思いました。魚食文化、貝のおいしさがわかる日本人には、もっともっと知ってほしい品種です。

カッリカンテ（白）

「酸と共に歩む」

エトナ・ビアンコ・スペリオーレ〝ピエトラマリーナ〟／ベナンティ

現在、エトナ地方を代表する白品種として知られるカッリカンテは、紀元前1世紀頃まではシチリア島全域で栽培されていたようです。今の地位を確立したのは1990年以降で、それまでは常に脇役品種。理由は強すぎる酸にありました。

この品種はハーブや花のようなニュアンスもあるのですが、特長は何と言ってもリンゴ酸が強いこと。赤ワインにブレンドされたり、他の白ワインにブレンドされたり、ブレンド用品種としてフィネスを与える役割が専門でした。しかし、強い酸を懐柔して飲みやすくできないかと努力してきたワイナリーもありました。試されてきたのが樽熟成です。しかしながら、温暖なシチリアで樽熟成すると、今度は酸が失われてしまう。フレッシュな酸を生かしつつまろやかに。その試行錯誤が長く続きました。

ブレイクスルーしたのはベナンティ社でした。1988年、ボローニャからの移住組だった同ファミリーは、ワイナリーのまだ少なかったエ

シチリア州

郷土料理

魚介のラグーとレモン ブロンテ産ピスタチオのパッケリ

「ミネラル、骨格がしっかりしたワインなので、大きめにカットした魚介のラグーに噛み応えのあるパスタを合わせ、しっかり咀嚼しながらワインを味わいたいですね。エトナのすぐ隣のブロンテはピスタチオの産地。レモンの皮と一緒に仕上げに散らします」

石川 勉

トナ山麓で土着品種のワインに取り組みました。そして、カッリカンテのみでステンレスタンクを使用し、フレッシュな酸味とエレガントな柔らかさの両立に成功したのです。エトナ山東側のミーロという土地では、樹齢80年以上のカッリカンテ100%のワイン醸造に成功し、品種の潜在力を世に示します。エトナ山の東斜面は、山と海のぶつかる気候で、酸だけでなくミネラルも豊か。若い頃は硬くて攻撃的に感じるのですが、5~10年の瓶内熟成を経るとペトロール香や蜜のニュアンスも出て、偉大な白ワインとなります。

エトナ山麓に増えたワイナリーは、早飲みタイプのカッリカンテを造るところが多いのですが、熟成タイプのカッリカンテは、白身肉や乾燥空豆のズッパなどともすばらしいアッビナメントが楽しめます。

酸で敬遠されてきた品種は、酸を生かすことで蘇りました。その歴史を思いながら味わってほしい品種です。

インツォリア（白）

「ただいま〝出待ち〟です」

コンテア・ディ・スクラファーニ〝ノッツェ・ドーロ〟／タスカ・ダルメリータ

インツォリアは、シチリア島の北部全域で栽培されてきた品種です。カタッラット（p160）やグリッロ（p166）と同様に、マルサーラ酒の原料として名もなき時代を長く過ごしてきました。トスカーナのエルバ島やジリオ島などで栽培されているアンソニカというブドウがありますが、実は同じ品種です。

海洋性気候に向き、日照や乾燥に強く、柑橘のトーン、ハーブのニュアンス、そして常にフレッシュ感あるワインとなります。特筆すべきは、他のシチリアの白品種と比較した場合、スリムでスレンダー、加えてミネラル感があることです。芯はあるけれど出過ぎない。これがこの品種の真骨頂なのですが、いかんせん、シチリアの白といえば、わかりやすいエキゾチックなフルーツのトーンや柑橘のイメージが強い。故に、主張の強いわかりやすい品種の陰になってきました。

しかし、インツォリアに注目し、この品種が主役のワインを醸造したワイナリーがあります。

シチリア州

郷土料理

パンテレリア風まぐろのサラダ

柳 令子

「シチリアの最西端にあるパンテレリア島はケイパーの名産地で、じゃが芋とケイパーのサラダが定番。そこにシチリアでよく食べられるまぐろのオイル漬けを合わせて。じゃが芋にはほとんど味をつけず、ビネガーと塩漬けケイパー、ドライトマト、黒オリーブ、オレガノの塩気と風味を効かせます」

シチリアを代表する名ワイナリーの一つ、タスカ・ダルメリータ。1984年、同ワイナリーの6代目であるコンテ・ジュゼッペ・ディ・タスカ・ダルメリータの金婚式を記念してリリースされたノッツェ・ドーロは、インツォリア100%で醸造されました（現在は100%ではない）。80年代中盤は、シチリアにスーパーシチリアン赤ワインブームがやってくる少し前です。当時、こうしたスリムな白品種に着目していたところに、このワイナリーの土着品種への矜持を感じたものでした。

しかし、シチリア全土を見渡しても、インツォリアを使用しているワイナリーは多いものの、未だにこれぞインツォリアというワインは少ないように思います。シチリアは土着品種の選択肢が多いのも、この品種がなかなか日の目をみない理由かもしれません。でも、同じように陰の存在だったカタッラットやグリッロたちは、立派に自立しています。トスカーナではアンソニカの株は上昇中ですし、インツォリアのポジションは〝出待ち〟と僕は見ています。

カンノナウ（赤）

「オリーブオイルの国のワイン」

カンノナウ・ディ・サルデーニャ"リッローヴェ"／ジュゼッペ・ガッバス

カンノナウは、サルデーニャ島全域で最も生産量の多い黒ブドウ品種です。スペインのガルナッチャ、フランスのグルナッシュと同じ品種で、サルデーニャにはスペイン経由で海を介して入ってきました。長い時間をかけて島という環境で地場化したため、他にない個性を備えた土着品種です。

ガルナッチャ、グルナッシュは、いずれも黒ブドウらしい力強いタンニンのあるパワフルなワインですが、カンノナウはしなやかさがあり、ブラックオリーブの風味や赤い花や果実の香り、そして食欲を刺激する青っぽい香りが特長です。この青っぽい香りが野菜、ブラックオリーブの風味がオリーブオイルとの仲介役を果たし、カンノナウは野菜とオリーブオイルをたっぷり使った地中海料理にぴったりです。

カンノナウを現地気分で味わうなら、地中海らしい、そしてサルデーニャらしい郷土パスタ料理をおすすめします。

サルデーニャには変わった名前の郷土パスタがたくさんありますが、マッロレッドゥスもそ

サルデーニャ州

郷土料理

マッロレッドゥス・アッラ・カンピダネーゼ

馬場圭太郎
「島の名産であるサフランを練り込んだ小ぶりのショートパスタ。玉ねぎとサルシッチャをフェンネル、クミンと炒め、トマトと煮込んだソースにペコリーノチーズをふりかけて」

の一つです。小さな貝殻のような形の手打ちパスタで、表面には細かい溝が入っています。サルデーニャの手打ちパスタは、女性の編み物や工芸など、手仕事に芸術性を漂わせる独特の形状が多いのですが、マッロレッドゥスもしかり。その昔、籠にパスタを押し付けて文様をつけたようで、サフランを練り込むことが多いのですが、これは祝祭の日の仕様なのかもしれません。トマトと玉ねぎとペコリーノチーズでシンプルに和えたマッロレッドゥスはカンノノウと合わせると旨さが引き立ちます。パーネ・カラザウという、これまたサルデーニャ独特の薄いパリパリのパンをトマトスープに浸して合わせるのもいいですね。

リゼルヴァタイプになると、熟成したペコリーノ・サルドや、島名物の羊・豚料理がよく合います。僕がオリーブオイルの国のワインだなと感じるのは、若くて普通のカンノナウです。野菜やオリーブオイルと共通する青のニュアンスが、ふだんの何気ない食事をおいしくしてくれるからです。

ヴェルメンティーノ（白）

「気持ち多めのボッタルガと」

ヴェルメンティーノ・ディ・サルデーニャ〝ヴィッラ・ソリス〟／サンターディ

夏気分にぴったりの白ワイン。そう言われて真っ先に思い浮かぶのが、サルデーニャ州のヴェルメンティーノです。この品種の祖先はマルヴァジーア（p122）という説が有力。ポルトガルから地中海を渡り、コルシカ島を経由して、一つのルートはサルデーニャに、別のルートはイタリア本土のリグーリア州に入り、南下してトスカーナ州へ。地中海を囲むように栽培されている品種です。ですから、サルデーニャ州だけの土着品種ではありません。それぞれにキャラクターがあり、微妙な違いを実感させてくれるブドウです。

たとえばリグーリア州では、平地や丘陵がなく急傾斜地で猫の額のような畑で栽培されるため、生産量が限定されます。チンクエテッレでは辛口ワインの他に、有名な甘口ワイン「シャッケトラ」にもなります。トスカーナ州でも産地は主に海沿いですが、赤ワインの銘醸地であるボルゲリでは、国際市場で培った醸造技術を用いて非常に洗練されたヴェルメンティーノ（p

サルデーニャ州

郷土料理

からすみとあさりのスパゲッティ

渡辺 明

「サルデーニャではからすみをあさりやアーティチョーク、水牛のモッツァレッラとよく合わせます。このパスタのポイントはあさりとからすみの塩気のバランス、そしてからすみを絡めて丁度よいようにあさりのだしの分量を調整し、サルデーニャのオリーブオイルで仕上げます」

108）を造っています。

さて、サルデーニャ島ではどうでしょう。島中でカジュアルに楽しめる日常酒ですが、島の右肩にあたるガッルーラが、イタリアのヴェルメンティーノとして唯一DOCGの認定エリアです。目と鼻の先にコルシカ島があり、この品種がイタリアで最初に上陸したのは、この島に違いないという説があります。サルデーニャのヴェルメンティーノは、品種本来の特色である塩気と苦みが特徴的で、これに合わせたいのが島で有名なボッタルガ（からすみ）です。オリスターノという町で入ったトラットリアでは、ボッタルガが塊で供され、サービスリゴンの引き出しに準備されたナイフで、カメリエーレがスライスするスタイルでした。そして、パスタにはパウダー状のボッタルガを振って食べます。ボンゴレの上に振りかけるバージョンも人気。日本のふりかけのように振る、振る。夏は、ふだんより気持ち多めのボッタルガでヴェルメンティーノといきませんか。

ヴェルナッチャ・ディ・オリスターノ（白）

「長く愛して」

ヴェルナッチャ・ディ・オリスターノ／アッティリオ・コンティーニ

20代の頃、このワインを飲むためだけにサルデーニャに行きました。ヴェルナッチャ・ディ・オリスターノ。ヴェルナッチャというブドウはイタリア各地にありますが、語源は「その土地固有の」であって、それぞれにDNAの関連性はないようです。各地で「おらが村の自慢のブドウ」がヴェルナッチャと呼ばれてきたのかもしれません。

僕がなぜこのワインが飲みたかったかといえば、非常に特殊な造り方だったから。白ワインを造り、温度管理しないで熟成させると、ワインの表面にモワモワとしたフロール（産膜酵母）が発生します。このフロールは、糖やグリセリンを分解し、ワインをドライにするのと同時に、膜でワインを酸化から守ります。そしてアーモンドのような独特の風味も生みます。酒精強化するとマルサーラ酒やシェリーのようなワインになりますが、ヴェルナッチャ・ディ・オリスターノは酒精強化をしないので飲み心地は楽ですし、食中酒としても楽しめます。

サルデーニャ州

郷土料理

からすみとペコリーノ・サルド

内藤和雄

「ヴェルナッチャ・ディ・オリスターノの生産者を訪ねると、必ずというほどワインと一緒にからすみとペコリーノ・サルドを出してくれます。そしてサルデーニャでからすみを頼むと、これまたしばしばセロリの葉を飾りに添える。余計なことをしない。変わらないものがあるって素敵ですね」

そして、オリスターノという土地には、このワインのためにあるようなからすみがある。オリスターノ湾は遠浅で、ぼらが幼魚で入って来てそのまま育つ天然の生け簀です。ここのからすみはムージネと呼ばれ、特別に大さくて味わいも格別。地元のレストランに行くと、厳かに箱に入ったからすみがナイフとボードと共に運ばれて来ます。そしてワイナリーでは、地元のチーズ、ペコリーノ・サルドのフレッシュタイプをやや厚めにスライスしたものにのせて食べる。日本のからすみ大根的に。からすみチーズを齧り（かじり）ながら、ヴェルナッチャ・ディ・オリスターノをちびり、ちびりとやる。オリスターノにヴェルナッチャ、からすみありの存在感を実感する王道のアッビナメントです。アルコール感の高いワインは、ガブガブは飲めない。イタリア国内でも決して万人受けするワインではありません。でも、日本酒の飲み方に通じるものがあります。だから日本人には、わかってほしいなと。こういうタイプのワインを、細くても長く愛してほしいな、と思うのです。

OK

聞き書きで辿る、内藤和雄さん

内藤和雄さんの主な出来事

1964 7月21日 愛知県瀬戸市で内藤一三（かずみ）さん、繁子さんの長男として生まれる。祖母（そぼ）懐（かい）小学校、祖東（そとう）中学校、瀬戸西高校に通う

イタリア料理と出会う前

かず君（内藤さんの愛称）は小さな頃から活発でおしゃべり。面倒見がよくて実の兄よりも兄らしかった。小学校の頃は市の鼓笛隊でトランペットを吹いていて、スポーツはバスケットボールをしていたと記憶しています。お母さん似で親子仲がとても良く、その分喧嘩する時は取っ組み合いだったようです。高校に入ってからはバイトをして欲しいものは自分で買っていました。車の免許もすぐに取って真っ赤なトヨタマークⅡを購入。乗せてもらったこともあります。大学生になってイタリア料理店でバイトをするようになり、イタリアにのめり込んでいったと聞いています。／従姉妹　加藤ゆかりさん

イタリア・日本の業界動向

ITALY

1973 「エノテーカ・ピンキオーリ」開業
1970年代後半からヌオーヴァ・クチーナ（新しいイタリア料理）が台頭

1978 イタリアワインの見本市「ヴィニタリー」が国際ワイン見本市となる

JAPAN

1960 「キャンティ」（六本木）開業

1964 東京オリンピック開催
海外旅行自由化

1971 銀座三越に「マクドナルド第1号店」開業

1977 「カピトリーノ」（西麻布）、「マリーエ」（広尾）開業

1979 「リストランテ文流」（池袋）開業

1982 名古屋経済大学に入学して「トルテレッテ」（愛知・小牧）にアルバイトとして入店。イタリア料理と出会う

「ブカルッポ」（岐阜）に就職。研修旅行で初めてイタリアへ

1987 定期的にイタリアに渡り、全州行脚を開始

名古屋・岐阜時代 イタリア料理と出会う

内藤さんを紹介されたのは、私が「トルテレッテ」（愛知・小牧）というイタリア料理店に入った頃です。前任料理長の北原伸二さんの時代に、バイトとして働いていたとのことでした。北原さんは、イタリア修業経験があり現地情報に詳しい方で、内藤さんが北原さんの影響を受けたのは間違いないと思います。／「クッチーナワダ」（名古屋）和田誠さん

「トルテレッテ」で僕がシェフをしていた時に、内藤君がアルバイトで入ってきました。料理人志望でしたがサービス人がいなかったのでサービス担当に。本人は料理人という選択もずっと考えていましたね。僕が「トルテレッテ」から独立して、オーナーシェフとして「ブカルッポ」（岐阜）を開業してまもなく、大学を辞めて僕のところに従業員として入社しました。その時も料理人志望。サービス人の不足でやはりサービス中心に担当してもらいましたが、たまに厨房に入ってもらうこともありました。イタリアワインの話もよくしました。僕は現地のネットワークもあったので、当時のイタリアの星付きの店でどんなワインが動いているかもわかっていて、そんな話を内藤君はとても熱心に聞いていました。そのうち自分で勉強するようになって、あっという間に抜かれちゃいましたね。店の研修旅行で行ったイタリアが、彼にとって初めてのイタリアだったはずです。ソムリエに心を決めたのは、研修旅行に行って少し経ってからだと思います。／「ブカルッポ」（岐阜）北原伸二さん

「アルポルト」（西麻布）で私が働いていた頃、岐阜でイタリアワインを「攻めている男」がいると評判になっていたのが内藤君でした。夏休みに地元に帰った時に「ブカルッポ」で彼のサービスを受けました。日

ITALY

1980年代前半、郷土料理（クチーナ・デル・テリトーリオ）の見直しが始まる。一方、創造的料理（クチーナ・クレアティーヴァ）も登場

1986 グアルティエーロ・マルケージがイタリア人で初めてミシュラン三ツ星を獲得

スローフード協会設立

1988 ガンベロ・ロッソ社からイタリア全土初のワインガイド本『ヴィーニ・ディタリア』発刊

JAPAN

1980 1980年代半ばからイタリア料理ブーム。「イタめし」の愛称もこの頃生まれる。現地らしい郷土料理、ヌオーヴァ クチーナなど様々なスタイルが活況をみせはじめる

1990 「モランディ」（銀座・1989年開業・初代料理長は奥村忠士さん）にソムリエとして入社。当時日本一と言われたイタリアワインリストを作成

本にまだイタリアワインの情報がない時に、どうやって情報収集しているのだろうと驚きました。彼はまだ20代前半だったと思いますが、しっかりしたサービスをしていて印象に残った。それが出会いでした。／「ラ・ボッテガ・ゴローザ」（名古屋）後藤俊二さん

東京へ

当時はイタリアワイン専門のソムリエがいない時代で、知り合いに聞いて人材を四方八方探しました。名古屋のインポーターから推薦されたのが内藤さん。僕も同郷ですが、岐阜の「ブカルッポ」にイタリアワインに意欲的で東京勤務希望の若者がいると聞きました。そうはいっても地方の若手がイタリアワインをたいして知らないだろうと一応面接したのです。そうしたら日本で入らないような情報を含めて圧倒的な情報量でした。勤務条件の唯一の希望は、ヴィニタリー（ヴェローナで毎年春に開催されるワインの見本市）に参加したいのでその時期はしばらく休みを欲しいということ。入社後は内藤さんをイタリアワインの先生に、店のスタッフ皆で一日3本試飲して、彼のやり方に倣ってノートにワインの記録をしました。試飲会での内藤さんは、一切吐器を使わなかった。飲んだ後に出てくる味わいがあるからだと言っていましたが僕はワインへの敬意だと思った。ワインに関してネガティブな評価は決してすることなく全てのワインを受け入れていました。／「アカーチェ」（青山）奥村忠士さん

「モランディ」で働いていた内藤君に再会。水を得た魚っていうのはこういうことだと思いました。実に生き生きとやりたいことができているという充実感が伝わってきて、本当に楽しそうにサービスしていました。／「ラ・ボッテガ・ゴローザ」（名古屋）後藤俊二さん

1982 「ラ・コメータ」（麻布十番）開業

1983 「アルポルト」（西麻布）開業

1986 バブル経済突入

ITALY

1990年代、クチーナ・クレアティーヴァが注目される

1991 ピエモンテ州政府認定の外国人向けプロの料理人養成学校ICIF開校

1993 EU発足

1991　「シエナ」（名古屋）にマネージャーソムリエとして勤務

1992　「グランピアット」（名古屋）にソムリエとして入社

1995　「石蕗の舎（つわのや）」（名古屋）に店長として勤務

名古屋に一旦戻る

私は「グランピアット」（１９９１年開業）のオープニングシェフとして入社。その頃スタッフを連れて「シエナ」で内藤君に再会しました。久々ですねと話をしていたら半年後に内藤君が「グランピアット」のソムリエとして入社してきました。ここで初めて一緒に働きましたが、イタリアワインに対しての貪欲さ、欲望というのかな。日本に入っているイタリアワインは全部知って飲んでいないと気がすまないようでした。インポーターとのコミュニケーションの取り方が凄かった。当時ですから郵便や電話で頻繁に緻密に情報を重ねていく。店の売り上げがよかったのも幸いして３６５日恐ろしいほどワインを飲んでいました。内藤君は20代後半だったと思いますが、その頃から毎日自分に何かを課して生きている印象で、自分に厳しかったですね。／「ラ・ボッテガ・ゴローザ」（名古屋）後藤俊二さん

バブル崩壊後、名古屋の高級フランス料理店「石蕗の舎」がイタリア料理に業態変更し、内藤君が店長として入ったと記憶しています。私も「グランピアット」を退職して名古屋市内で独立開業。内藤君も新天地で生き生きと働いていると聞きました。／「ラ・ボッテガ・ゴローザ」（名古屋）後藤俊二さん

イタリア修業から戻り、「石蕗の舎」に入ったら内藤さんが店長でした。毎日まかないで何本もワインを試飲して記録していて、それはそれは膨大な量のワインでした。／「クッチーナワダ」（名古屋）和田誠さん

アカデミー・デュ・ヴァンでイタリアワインの講座を始めようという時に相談したのが内藤さん。最初は単発の講座で名古屋から来ていただ

JAPAN

1989　「イル・ボッカローネ」（恵比寿）開業。入店時にイタリア語で「ボナセーラ」と迎えられることからボナセーラ系と呼ばれる

1990　ティラミスブーム。以降１９９０年代、イタリア料理人気が続く。90年代後半はナポリピッツァブーム

1991　バブル崩壊

1992　「エノテーカ・ピンキオーリ」（銀座）開業

1995　阪神・淡路大震災
「世界最優秀ソムリエコンクール」で田崎真也さんが日本人として初優勝。ソムリエという職業の認知度が上がる

1999 リストランテ「アカーチェ」（1995年開業）にソムリエとして入社

いていましたが、初めての授業で、重要な生産者名をすごい勢いで板書されて、今もその勢いやホワイトボードの筆致が脳裏に焼きついています。その後東京にまた戻られたので、定期講座としてイタリアワイン研究科を担当していただきました。頭よりも経験で伝えるスタイルで、伝えたい情報も熱量も、そして食べる量もすごかった。内藤さんの企画した南イタリアのワインツアーに同行させていただいたのですが、夕飯後にもう一軒行こうと白ワインと魚介だけの面白いお店に連れて行ってもらったのもよい思い出。何をするにも徹底的にストイックでした。「若い時はジャニーズ系だった」ともおっしゃっていましたけど、ママチャリで軽快に移動されていた姿が忘れられないです。／ワインコーディネーター・ライター　塚本悦子さん

再び東京へ

ちょうどスタッフを探していた頃、内藤さんがふらりと東京に現れて、じゃあまた一緒に、と店に入ってもらうことになりました。料理にも興味関心が深く、日本であまりなじみのないイタリアの郷土料理を作ると絶対厨房に入ってきて、横に立って味見したそうにじっと観察していました。イタリアの郷土料理の知識も深かったので、仕事はとても楽でした。／「アカーチェ」（青山）奥村忠士さん

「アカーチェ」に料理人志望で面接を受けた時、ソムリエも1週間やってみてはと見せてもらったのが内藤さんの仕事でした。予約段階から情報をうまく引き出し、同じワインでも人や料理でグラスを使い分けるなど、お客様ごとへの洞察や細かいチューニング、サービス人の仕事の奥深さや面白さを教えられました。ある時、とあるブドウ品種の生態について質問したことがありました。内藤さんは「緯度や気候風土から考え

2000 「ヴィーノ・デッラ・パーチェ」(西麻布)開業。ディレットーレ兼ソムリエに就任

れば？」と答えられただけでした。徹底して調べず、安易に質問したことが恥ずかしく、それでも考えるヒントを下さった内藤さんに申し訳なくて、その後は質問を控えていました。それから20年近く経ち、どうしても扱い方の答えが出せないあるワインについて思い切って質問をしたら、「そうか。それなら一緒に答えを出すか。毎月二人でそれを1本飲もう」と言ってくださったのです。残念ながら、その会は第2回目を迎えることはかなわず、私にとって永遠の宿題となりました。／「リストランテ・ラ・バリック・トウキョウ」（江戸川橋）坂田真一郎

「アカーチェ」に入社して、新人にもかかわらず、奥村シェフのご厚意により、内藤さんのお伴で試飲会に行かせていただきました。規模にかかわらずあらゆる試飲会に参加されていたこと、どんな価格帯のワインも平等に試飲されていたのは衝撃的でした」／「エノテカ エジ」（神奈川・早川）恒次貴之さん

「ヴィーノ・デッラ・パーチェ」のディレットーレ・ソムリエに就任

サービス人として5～6年経験を積み、再び内藤さんの下で働きたくて「ヴィーノ・デッラ・パーチェ」に志願しました。内藤さんから、新人時代のようなレクチャーはもうありません。失敗すると後で怒られるのですが、あえて、原因の説明はなく自分で理由を考える癖がつきました。厨房と客席を見ながら「考えて動く」ことを学びました。料理人を非常にリスペクトする内藤さんでしたが、時には毅然とした態度で料理の変更を提案することもありました。例えばお客様がオーダーされたワインに合わせて料理のソースをこう変えて欲しいと具体的な提案をする。料理のこともよくわかっているからできることでした。仕事が終わり、

ITALY

スペイン「エル・ブリ」の影響がイタリア料理にも見られるようになる

2002 ユーロへ切り替え

2004 スローフード協会「テッラ・マードレ」(世界生産者大会)開催

JAPAN

2000年代は郷土料理の深化、自由なスタイルのイタリア料理へ。地方にも注目店が現れる

2000 「トラットリア・ダ・トンマズィーノ」(外苑前)、「フィオッキ」(祖師谷)、「アルベラータ」(神楽坂)、「アル・ケッチァーノ」(山形)などが開業

2005 スペインバルブーム

2007 日欧商事株式会社が日本初のイタリアワインのベストソムリエを決定するコンクールJET CUP（イタリアワイン・ベストソムリエコンクール）を主催。初代優勝者となる。同年、『イタリアワイン図鑑』ステーファノ・フランカヴィッラ編著を監修

2010 雑誌「料理通信」で連載を開始

2011 4月「若手ワイン勉強会」スタート

日課の試飲は、明け方にセラーの奥のテーブルで毎日3本ずつ。何十回と飲んでいるワインの少しの変化も見逃すまいという姿勢でした。僕にも試飲させてくれて二人で黙々とやっていると「俺たちこれだけやってるんだもんな。負けないよな」と言われたことがありました。自分にとりわけ厳しかった内藤さんの言葉として心に刻まれています。／「エノテカ エジ」（神奈川・早川）恒次貴之さん

地元には時々戻ってきて顔を見せてくれていました。JET CUPで優勝した時は嬉しそうでしたね。日本一になったって言っていました。／「ブカルッポ」（岐阜）北原伸二さん

「料理通信」の連載開始当初は「これだけは知っておきたい　イタリア土着ブドウ品種」としてイタリア各州と島の代表品種を24回で紹介する予定でした。連載が好評だったのと、内藤さん御自身もまだまだ紹介すべきブドウがあるということでその後も連載は続きました。内藤さんの体調を見ながらで、途中休載の期間もありましたが、２０１９年に内藤さんが亡くなられる直前まで取材は続き、最終回は一周忌の２０２０年9月掲載で第78回でした。／柴田香織

内藤さんが震災を機に企画された「若手ワイン勉強会」に参加していました。震災後、「ワイン業界が建設的な形で被災地を支援しながら自分たちも向上できる機会を作ろう」という趣旨で、会費の一部を義援金としました。毎月実施で内藤さんが亡くなられるまで続いていたので8年半。会場は、営業後の「ヴィーノ・デッラ・パーチェ」で、ほぼ明け方まで続きました。皆ワインを1本持ち寄り、持ち主以外がブラインドでワインを当てるのですが、毎回10～12名参加していました。僕らソムリエ同士は意外に直接の面識はないので、こういう機会はありがたかっ

2015 ＩＷＳＳ（イタリアワイン・ソムリエ・セミナー）に参画

たし、説教じみたことは一切なくひたすらワインと向き合ういい時間でした。内藤さんも一競技者として参加されて、色と香りだけで銘柄を当てたり、五感だけでなく参加者の店やワインの品揃えの性格、あらゆる情報を総合して絞り込むのが天才的でした。／「ダ・オルモ」（神谷町）原品真一さん

内藤さんにはＩＷＳＳ（イタリアワイン・ソムリエ・セミナー）の立ち上げからお手伝いいただき、主にイタリアワインと郷土料理を合わせるアッビナメントの講義をしていただきました。東京・大阪・名古屋・札幌・福岡の５会場で毎年セミナーを行っていましたが、内藤さんはお店の営業があるので札幌や福岡も日帰り。それでも必ず始発便で現地入りして朝から魚市場に行って地方食をフィールドワークされていました。ＪＥＴ ＣＵＰでは特に地方のソムリエさんたちのフォローを個人的にされていたと聞いています。内藤さんのおかげで全国のイタリアワインのソムリエさんが勇気づけられたと思います。／「日欧商事」木津美保子さん

内藤さんに初めてお会いしたのは２０１２年の福岡。内藤さんがセレクトされたワインのバイオーダーの会でした。ワイン専門誌などで存在は存じ上げていましたし、ＪＥＴ ＣＵＰ初代優勝者であるのも知っていましたが、まず驚いたのは、あらゆる人に対する公平で丁寧な応対です。僕のような初対面の地方ソムリエに対してもです。それまでＪＥＴ ＣＵＰは知ってはいても自分ごとではなく、内藤さんにお会いしたのが挑戦のきっかけとなり２０１５年に初チャレンジしました。結果は準決勝敗退。その頃、ＪＥＴ ＣＵＰが終わると優勝できなかった上位参戦者で内藤さんのところで反省会が行われるようになっていて自分も誘われるように。そこから毎年挑戦しましたがなかなか優勝できずに２０１７年も第４位。地元ではそれでも皆褒めてくれる。でも内藤さん

ITALY

2008 リーマンショック。その後、ストリートフードがムーブメントとなる

2011 「オステリア・フランチェスカーナ」がミシュランイタリア版で三ツ星獲得

2015 ミラノ万博開催

JAPAN

2007 『ミシュランガイド東京版』創刊

2010 「エノテーカ・ピンキオーリ」（銀座）閉店

2011 東日本大震災

2018　8月「オヤジの会」スタート

には「チャンピオンと4位では全然違う」と非常に厳しく言われました。教えられたのはノウハウでなくスピリット。勝ち切る大切さや上に立つ心構えです。内藤さんはJET　CUPの審査員でしたが2018年に自分がようやく優勝した時「フェアに審査しただけだよ、おめでとう。これからの時間はイタリアワインの普及のために使ってください」と言われました。／「天草 天空の船」（熊本）田上清一郎さん

同年代で面識がある程度、イタリア好きという共通項のメンバーが集まり、月一でお互いに飲みたいワインを持ち寄って飲みました。それが「オヤジの会」です。発起人が内藤さんで、2018年8月から内藤さんが亡くなる前月まで続いた。2019年9月は皆の予定が合わず、10月の日程を決めると、その3日後ぐらいに内藤さんが逝ってしまった。飲み会といってもイタリア業界の未来を語る真面目な会で、内藤さんは業界がどうしたら盛り上がるかを熱く語っていました。／「ラ・カンティーナ・ベッショ」（北参道）別所正浩さん

「オヤジの会」で自分は唯一料理人でした。内藤さんは昨今のイタリア料理にイタリアらしさが薄れていると嘆いていた。ある団体が企画したイタリア料理人の大会があり、内藤さんは初回に審査員をされていたのですが、その大会で若い人たちのイタリア料理を見て思うところがあったらしく翌年でしたでしょうか、自ら大会に出場者としてエントリーしたんです。豆料理を提案したらしい。でも予選で落とされたらしく、主催者はさぞ困っただろうなあと思いました。冗談か本気か、次は二人で組んで偽名で出ようと誘われ、盛り上がっていたのですが、それもかなわなくなってしまいました。／「オステリア・デッロ・スクード」（四谷）小池教之さん

2019 9月22日 永眠

JET CUP優勝者には「2週間のイタリアワイン研修旅行」が授与されるのですが、自分が出発のために東京に入った時に永瀬さん（第8回JET CUP優勝者 永瀬喜洋さん）から訃報を聞きました。台風を気にして予定より1日前に東京に移動した日だったので、入院の件も知らず驚くばかりでしたが病院で内藤さんにお会いできて御礼も言えました。ワイナリー訪問中は生産者たちと内藤さんの献杯をして巡る特別な旅になりました。／「天草 天空の船」（熊本）田上清一郎さん

お通夜やお葬式にイタリア料理の関係者やワイン学校の生徒さんたちまでたくさんきてくださって、かず君が皆に愛されていたことがわかりました。昔から自分の話はしない人でしたから、イタリアワインでどんな仕事をしていたのか業界でどんな位置にいたのか、亡くなった時に初めてわかりました。こんなに活躍していたなんて親戚家族はまったく知らなくて、お正月に会って「これからどうするの？」と聞くと「戻ってきて浮浪者になるがや」なんて言う人でした。最後まで自分の病気のことも一切話すことはなかったけれど、亡くなった後、お母さん宛に〝病気を隠していてごめん。お母さんより先に逝ってごめん〟とパソコンにメッセージが残されていました。亡くなる直前に残したようでした。／従姉妹 加藤ゆかりさん

内藤和雄のこと――あとがきにかえて

「ヴィーノ・デッラ・パーチェ」オーナー　大倉和士

「私たちのワインは、料理と共にある」。イタリアのワイナリーに行くと、ワインの造り手である彼らが言う言葉だ。内藤和雄も同じだった。

〝料理とワインの密接な関係〟は、２０００年6月にオープンした西麻布VINO DELLA PACEのテーマでもあった。店に入るにあたって内藤が出した条件はたった一つ、「年に2回、イタリアに行かせて欲しい」だった。

もちろんその条件は了解した。内藤はイタリア20州を巡って、料理とワインの関係性を追求し続けた。とことんだ。だからこそ、ワイナリーからとてつもなく信頼されていたし、愛されていた。日々の仕事は、明け方に行うワインのテイスティングから。どんなワインも客観的、公平に捉える姿は頼もしく、誇らしかった。「うちにはイタリアワインの神様がいる」と自負してきた。

イタリアワインに人生を捧げた男。

すべてのロックギタリストが永遠にジミ・ヘンドリックスを超えられないように、誰も到達できない境地までいったからこそのワインサービス。所謂、内藤マジックだ。「内藤さんにワインを注がれるとどうしてこんなにワインが薫るの？　どうしてこんなに美味しくなっちゃうの？」。ワインの説明も圧倒的に心に響きグラス中にロマンが広がる。この本にはそんな魅力が満ち溢れている。本当に永久保存版ですね。

最後に。我々の長年の夢だった内藤和雄の著作発刊の労をとっていただいた柴田香織さんの多大な多大なご尽力に、深く感謝致します。

用語解説

ワイン

アッビナメント

相乗効果と調和が生まれるワインと料理（及び食材）の合わせ方のこと。イタリアでは土地の伝統料理と土地のワインを合わせる伝統的でクラシカルなアッビナメントがセオリーの一つとして今なお親しまれている。

アンチェストラーレ

ワインの製造工程で一次発酵（アルコール発酵）の途中で残留糖分が一定の値になったところで温度を下げて発酵を止め、糖分を残したまま瓶詰めして瓶内で残りの発酵を行う方法。瓶内二次発酵製法が行われるようになる前からあった製法でアンチェストラーレ（先祖代々の）と呼ばれる。

エミディオ・ペペ

アブルッツォ州の伝説的なワイン生産者。州の代表的ワインであるモンテプルチアーノ・ダブルッツォが偉大なワインになることを実証し世界的な名声を得た。ジャンニ・マシャレッリ、ヴァレンティーニと共にアブルッツォワインの発展に大きく貢献した人物。

ガメイ

フランスのボージョレ・ヌーヴォーに用いられる赤品種として有名だが、フランスと国境を接するヴァッレ・ダオスタ州でも栽培されている。栽培面積はイタリアではわずか。

醸し系

白ブドウを赤ワインの製造工程と同様に果皮と果汁をスキンコンタクトさせて醸すワインで、オレンジワイン（あるいはアンバーワイン）と呼ばれるワイン。果皮の色がワインに抽出されるため紅茶のような褐色がかった色味になる。

カンヌービ（カンヌビ）

バローロ生産地区（ピエモンテ州）の中でも最も優れたワインを生み出すとされるクリュ（畑名）。バローロの中心に位置する丘陵地帯で5つのクリュから構成され、この5つの中でも土壌の違いはあるが、共通する香りと味わいがある。香りにはハーブ香とバルサミックなニュアンス。タンニンは柔らかく果実味もしっかりしている。東側の「ブッシア」が強い冷気を遮断しており、適度な風が丘陵の両脇を通過し理想的な栽培環境とされる。

貴腐菌

霧などの湿度の高い環境で発生し、乾燥と高湿度を繰り返す特殊な条件下でのみうまく増殖する菌。湿度が高いだけだと灰色カビ病の原因となる。完熟した白ブドウの果皮に貴腐菌がうまくつくと果汁中の水分が蒸発して高貴な芳香が生じる。貴腐菌のついたブドウを貴腐ブドウという。

国際品種

ワイン品種の中でも気候や土壌条件の違いによらず、比較的どこでも栽培可能で味わいも安定し、醸造しやすい品種のこと。世界的に栽培されている品種で代表的な白品種にシャルドネ、赤品種にカベルネ・ソーヴィニヨン、メルローがある。

シャッケトラ

リグーリア州のデザートワインで白品種のアルバローラやヴェルメンティーノ種のブドウを半陰干しにして糖度を上げて醸造する。パッシート（甘口ワイン）の一種。

シャルマー方式

大型タンクにベースワインと酵母・糖を添加し短期間で二次発酵を行う製法。製造期間は一般的に2～3ヵ月。複雑さはないが軽やかなボディでフローラル、フルーティなスパークリングワインに仕上がる。グレーラ、モスカート・ビアンコ、ブラケットなどが代表的な品種。

スーパートスカーナ

1970年代後半からトスカーナ州に登場した、ワイン法（DOCG・p196）にとらわれず、国際品種（カベルネ・ソーヴィニヨンやメルローなど）を用いて造る高品質なワインのこと。「サッシカイア」「オルネライア」「ソライア」が三大スーパートスカーナと呼ばれる。スーパータスカンともいう。

ティモラッソ

ピエモンテ州とロンバルディア州で栽培される白品種。果皮のやや厚い晩生種。白い花やさわやかなレモンの香りがある。ワイン用だけでなく食用ブドウとしても栽培されてきた。近年、再注目されるようになり復活を遂げた。

瓶内二次発酵

イタリアではメトド・クラシコ（伝統製法）と呼ばれるスパークリングワインの製法で、ベースとなるスティルワインを瓶詰め後、酵母と糖分（加えない場合もある）を加えて密閉し、一次発酵を行う製法のこと。フランチャコルタは全てこの製法で造られる。他にトレントDOCなど。

フィロキセラ

別名ブドウネアブラムシ。ブドウの葉や根にこぶを生成して成長を阻害し、やがて枯らす。19世紀後半、アメリカから品種改良のために輸入されたブドウ樹についていたことからヨーロッパ全体に被害が広がりワイン業界に重大な損失をもたらした。

フェノール分

主に黒ブドウの果皮（一部白ブドウにも）に含まれるポリフェノールの一種でアントシアニンのこと。ワイン醸造の過程でアントシアニンの成分が移行し、タンニン（渋み成分）と結合して、ワインの色合いを安定させたり、ボディを与えたり、抗酸化作用により長期熟成を可能にしたりする。

ブッシア

「カンヌービ」と同じくバローロを代表するクリュの一つ。標高の高さにより3つに分かれ、最も標高の高い地区にはネッビオーロの古木が多い。全体的に森林の比率が高く、この森林が気候条件の調整役となり理想的なブドウ栽培環境を醸成している。

ペトロール香

重油やガソリンを思わせる香りでかつてはリースリングの典型とされた。近年はリースリングに限らず果皮に含まれるカロチノイドに由来し、果皮が黄色みを帯びる白品種が高温・乾燥などの条件下で生成する成分とされる。オフフレーバーともいわれるが嗜好性によって判断が異なる興味深い香り。

マルサーラ（マルサラ）酒

酒精強化ワインの一種。18世紀後半に、イギリス人がポートワインの代用として造りはじめたとされる。ベースワイン（カタラットとグリッロで85％以上）、ブランデー（酒精強化用）、ミステッラ（ブドウ果汁にアルコールを添加して発酵を止めたもの）、モストコット（ブドウ果汁を煮詰めたもの）をブレンドしてオーク樽で熟成する。

ミュラー・トゥルガウ

スイス人の植物学者ヘルマン・ミュラーによって19世紀後半に研究開発された白品種。ドイツ、オーストリアが主要な産地だが、国境を接する北部イタリアでも栽培されている。フルーティでトロピカルなフルーツ香がある。

ラクリマ・クリスティ

カンパーニア州のヴェスヴィオ火山の麓で造られるワインで、「この地域のブドウ樹にキリストの涙がかかって美味になったという伝説」を持つ。赤・ロゼ・白・スパークリングがあり、赤とロゼの主要品種がピエディロッソ、白とスパークリングの主要品種がコーダ・ディ・ヴォルペ・ビアンカ、ヴェルデーカ。

DOCG

イタリアワイン法で格付けの最上位の等級 Denominazione di Origine Controllata e Garantita の略で、統制保証原産地呼称ワイン。生産地域や使用品種、最低アルコール度数、熟成期間などの条件と品質を遵守して造られたワイン。格付けの順はＤＯＣＧ、ＤＯＣ、ＩＧＴ、ＶｄＴの4段階。毎年見直しが行われて認定される数も増えている。ワインボトルにＤＯＣＧを表示可能な認定数は76銘柄（２０２０年4月時点）。

DOC

ＤＯＣＧの下の等級で Denominazione di Origine Controllata の略。統制保証原産地呼称ワイン。ワインの品質を守るために定められた基準を守って醸造され、全20州に認定ワインがある。ワインボトルにＤＯＣを表示可能な認定数は３３４（２０２０年４月時点）。ＤＯＣＧへの格上げもある。

イタリアの食

穴うさぎ

イスキア島の洞窟に生息する野生のうさぎ。正式名称はConiglio da fossa di Ischia。伝統的にはこの島特有の石造りの家を建て終えた時、その労をねぎらうためのご馳走料理の主要食材となる。

カステルマーニョ

ピエモンテ州のクネオ県で作られるセミハードタイプのチーズ。主原料は牛乳で羊乳ややぎ乳を加えることもある。外皮は若いうちはピンクを帯びた黄色で徐々に暗い色合いになる。時間とともに内側に青カビが生え、味わいは力強く辛みも生じる。

カルド

キク科のイタリア野菜で通常はローストして野菜の甘みを引き出して食されるが、ピエモンテ州のニッツァ・モンフェッラート周辺のみで栽培される伝統品種「カルド・ゴッボ」は軟白栽培で生食が可能。同州の伝統料理「バーニャカウダ」に欠かせないとされる秋冬野菜。

カルボナーデ

アオスタ風牛肉の赤ワイン煮込み。牛肉と玉ねぎを一緒にバターで炒めて赤ワインで煮込む。典型的な家庭料理のため様々なレシピが存在する。ベルギーでは同様の素材をビールで煮込む伝統料理がある。

グーラッシュ

フリウリ=ヴェネツィア・ジューリア州やトレンティーノ=アルト・アディジェ州の牛肉の煮込み料理。東欧の影響でパプリカ粉を使うことが多い。

クチーナ・ポーヴェラ

直訳は貧乏人の料理だが、クチーナ・リッカ（金持ちの料理）の対として使われる。庶民が手元にある限られた材料や余った食材をうまく工夫して作った料理のこと。郷土料理の定番となったものも多い。

ストラッキーノ

北イタリアに多い、柔らかな食感のフレッシュチーズ。放牧後の疲れた雌牛の乳のチーズという意味。ゴルゴンゾーラの原型としても知られている。

スフォルマート

野菜や肉・魚など様々な食材を加熱後に形を崩してペースト状にし、卵やチーズなどをつなぎとして型に入れ、オーブンで焼いたり湯煎で蒸したりして調理された料理。イタリア料理では前菜、メインの付け合わせ、ドルチェなど様々な場面で提供される。

ソプレッサータ

「圧縮された」という意味の豚のサラミで、各地に異なるレシピがある。唐がらしで辛みを効かせたカラブリア風や、頭部のゼラチン質で首肉・皮・舌などを固めたトスカーナ風などが有名。

バッカラ

塩漬けにした保存食の鱈。水でもどして使う。塩漬けしない干し鱈は一般的にストッカフィッソと呼ばれる。ヴェネト州のバッカラ・アッラ・ヴィンチェンティーナにはストッカフィッソを使う。

パネットーネ

ロンバルディア州で生まれたクリスマスの時期に食べる伝統的な発酵菓子。伝統的な製法は自家培養した発酵種を継いで作られ完成に約3日を要する。

フォンティーナ

ヴァッレ・ダオスタ州を代表する山のチーズ。州全域で作られる。牛乳100％を原料とするセミハードタイプ。色調は乳白色から麦わら色。弾力性があり柔らかい。熟成期間は3ヵ月程度で直径30〜40㎝。フォンドゥータ（チーズ・フォンデュ）や、サンドウィッチにはさむ具材としてよく使われる。

ボッタルガ・ムージネ

ぼら（ムージネ）のからすみ（ボッタルガ）。イタリアではトスカーナ州のオルベテッロ、サルデーニャ州のオリスターノが有名で、古代フェニキア人がその製法を伝授したとされる。シチリアはまぐろのからすみが有名。

ポルケッタ

主に仔豚の丸焼き料理で、にんにくやローズマリーなどスパイスやハーブの香りが豊か。マルケ州では同様の調理法でうさぎの丸焼きもポルケッタと呼ばれる。

ポレンタ

主にとうもろこしを挽いた粉とその料理。ヴェネト州やフリウリ-ヴェネツィア・ジューリア州では白いポレンタが好まれる。とうもろこし粉が使われるようになったのは大航海時代にとうもろこしがヨーロッパに紹介されてからで、他の穀類や豆の粉を煮込んだものを古くからポレンタと呼ぶ地域もある。現在は料理の付け合わせとして供されることが多い。

モンタージオ

ヴェネト州の一部と、フリウリ-ヴェネツィア・ジューリア州全域（特に北部カルニア地方）で生産されるチーズ。牛乳で作られる高脂肪のチーズでハードタイプ。じゃが芋とチーズのおやきのような料理「フリコ」に必ず使われる。

イタリアの風土と歴史

カステル・デル・モンテ

プーリア州のアンドリア郊外にある中世の城で13世紀に名君として知られる神聖ローマ皇帝フェデリコ2世が建築した。ユネスコの世界遺産。

凝灰岩

火山性土壌で火山灰が固まってできた岩石。火山性土壌のワインは塩味のあるものが多い。

サヴォワ

スイスとイタリアの国境でアルプスの山麓にある地方。サルデーニャ王国サヴォィア家の所領で元々はイタリアの一部だったが、イタリア統一に際してニースと共にフランス領となった。

折半小作農制度

19世紀ごろイタリアに普及した小作制度。荘園主が小作農民に種や家畜を半分貸し付け収穫物の半分を小作料として確保する仕組みでメッザドリーアと呼ばれる。トスカーナ州ではこの制度が他州よりも長く続いた。

ドン・コルレオーネ

小説『ゴッドファーザー』のモデルとなったシチリア出身のマフィア。本名はドン・ヴィトー・コルレオーネでゴッドファーザーは愛称（1891年生まれ）。9歳の時にニューヨークに渡り大きな勢力を持った。『ゴッドファーザー』は、フランシス・フォード・コッポラにより映画化され、不朽の名作となった。

ノルチーノ／ノルチネリア

ノルチーノはイタリアの豚肉加工職人の別称。ウンブリア州の街ノルチャには紀元前から豚肉加工の高い技術を持った職人が集まり、彼らはローマなどの主要都市に技術を伝えた移動技術集団。そのため豚肉加工職人がノルチーノと呼ばれるようになった。ノルチネリアとは、豚肉とその加工品専門店（サルメリア）のこと。

ボーラ（ボラ）

北東の風。アドリア海に入り、アペニン山脈を通り過ぎてギリシャ、トルコ方面に吹く風で、冬の強い風は風物詩。フリウリ－ヴェネツィア・ジューリア州のトリエステ辺りでは時に時速150kmにもなる強風が吹く。

ポンカ

海成堆積土壌の一種で浅い海が長い間堆積して泥灰岩（粘土土壌）と砂岩の層が何層にも重なり、そこに圧力がかかって薄い板状になる。比較的崩れやすい。土壌に含まれる空気穴にブドウが根を張り、ミネラル感あふれる独特のワインを生み出す。

マグナ・グラエキア

直訳は大ギリシャ。古代ギリシャ時代にギリシャ人が入植した南イタリア一帯とシチリア島を合わせてマグナ・グラエキアと呼ぶ。古代文化の中心地となった。

モレイ（モレーン）

新生代、第四紀の氷河期にできた土壌で、氷期と間氷期の繰り返しにより氷河が土砂を運び堆積したもの。代表的なモレイがヴァルテッリーナ（ロンバルディア州）、フランチャコルタ（ロンバルディア州）、カナヴェーゼ（ピエモンテ州）。モレイで生まれるワインは全般的に柔らかさがある。

＊太字ノンブルは見出し語を示す

ナ

ハ

マ

ラ

索引

| ア |

| カ |

| サ |

| タ |

郷土料理製作協力

｜ピエモンテ州｜

15　カルネ・クルーダ｜宮根正人（オストゥ）
17　アスパラガスのスフォルマート｜馬渡剛（ラ・チャウ）
19　バーニャカウダ 白トリュフがけ｜宮根正人（オストゥ）
21　かえると野草のリゾット｜岩坪滋（イル・プレージョ）
23　アニョロッティ・ダル・プリン｜地頭方貴久子（TAMANEGI）
25　牛ほほ肉のブラザート｜スペルティーノ・ファビオ（トラットリア　トマティカ）
27　低温乾燥したタヤリン 仔牛のソーセージのラグーとオッチェリさんのカステルマーニョ｜近藤正之（リストランテ センソ／Piazza Duomo）
29　パネットーネ｜阿部之彦（トラットリア・デッラ・ランテルナ・マジカ）
31　フィナンツィエーラ｜堀川亮（フィオッキ）

｜ヴァッレ・ダオスタ州｜

33　セウパ・ア・ラ・ヴァルペッリネンツェ｜小池教之（インカント／オステリア・デッロ・スクード）
35　フォンドゥータ｜山崎夏紀（イータリー／エル ビステッカーロ デイ マニャッチョーニ）
37　ファヴォ｜岡谷文雄（ロッシ）
39　モチェッタ｜岡谷文雄（ロッシ）

｜ロンバルディア州｜

41　ピッツォッケリ｜宮本義隆（イカロ）
43　ブセッカ｜日高弘樹（カンヴァス・ダ・ディエゴ）

｜トレンティーノ-アルト・アディジェ州｜

45　カネーデルリ｜北村征博（ブリッコラ／ダ・オルモ）
47　ホワイトアスパラガスのボルツァーノソース添え｜三輪学（クチーナ・チロレーゼ　三輪亭）
49　グーラッシュ｜佐藤護（トラットリア・ピコローレ・ヨコハマ、ガストロノミア・ヘリテージ・ヨコハマ）
51　自家製ポレンタ入りパッパルデッレ 蝦夷鹿とポルチーニのラグー｜仲田睦（カピートロ／トラットリア　ムツミ）
53　りんごのストゥルーデル｜高師宏明（アルベラータ）
55　ポレンタ・コン・フンギ｜北村征博（ダ・オルモ）

｜フリウリ-ヴェネツィア・ジューリア州｜

57　フリコ｜田中祥貴（オステリア バール ヴィア ポカポカ／クッチーナ　ヨシ）
59　チャルソンス｜渾川知（リストランテ ラ プリムラ）
61　ヨータ｜小西達也（ヴィーノ・デッラ・パーチェ／オマッジオ・ダ・コニシ）
63　フリウリ風りんごのタルト｜藤田統三（ラトリエ　モトゾー）
65　マテ貝とシャコのグラド風　白ポレンタ添え｜伊沢浩久（アンビグラム）
67　蝦夷鹿のロースト 黒すぐりのソース　白菜のロースト添え｜伊藤延吉（リストランテ・ラ・バリック・トウキョウ／イタリアンダイニング バニアンツリー）

｜ヴェネト州｜

73　いか墨のリゾット｜高塚良（リストランテ山崎／レストラン ノエ）
75　ヴェネツィア風仔牛レバーのソテー｜小清水良彦（サポーレイタリアーノ オンブラ／ラ テンダロッサ）
77　オリーブオイルとマンダリーノのジェラート｜茂垣綾介（ジェラテリア・アクオリーナ）
79　白アスパラガスのバッサーノ風｜小西達也（ヴィーノ・デッラ・パーチェ／オマッジオ・ダ・コニシ）
81　バッカラ・アッラ・ヴィチェンティーナ｜石濵一則（ステッソ エ マガーリ シック／misola）

｜リグーリア州｜

83　リングイーネ・アッラ・ジェノヴェーゼ｜西口大輔（ヴォーロ・コズィ）
85　リグーリア風うさぎの煮込み｜篠田雅弘（トラットリア・ダ・テレーサ）
87　フォカッチャ・ディ・レッコ｜岩井文芳（フォカッチャ・ディ・レッコ500）

｜エミリア-ロマーニャ州｜

89　トルタフリッタ　パルマ産生ハムとメロン｜高橋隼人（ペレグリーノ）
91　パッサテッリ｜奥村忠士（アカーチェ）
93　ストロッツァプレーティ パスティッチャーティ｜臼井憲幸（mola／カエンネ）
95　パルマ産プロシュート｜戸羽剛志（NIDO）
97　トルテリーニ・イン・ブロード｜眞壁貴広（トレガッティ）
99　タリアテッレ・アル・ラグー・アッラ・ボロネーゼ｜眞壁貴広（トレガッティ）

｜トスカーナ州｜

105　リボッリータ｜辻大輔（ビオディナミコ／コンヴィヴィオ）

106　ヴェルナッチャ・ディ・サン・ジミニャーノ｜八田｜https://hatta-wine.jp
108　ヴェルメンティーノ｜モンテ物産｜https://montebussan.co.jp
110　トラフィオーレ｜ヴィントナーズ｜https://www.vintners.co.jp/

｜マルケ州｜

112　ヴェルディッキオ・ディ・カステッリ・ディ・イエージ〝ポディウム〟｜フードライナー｜https://www.foodliner.co.jp/
114　パラディーソ｜メイワ｜https://meiwa-kobe.jp
116　オッフィーダ〝メルレッタイエ〟｜アプレヴ・トレーディング｜https://apurevu.jp/

｜ウンブリア州｜

118　アッシジ・グレケット｜オーデックス｜https://odexjapan.co.jp/
120　サグランティーノ・ディ・モンテファルコ〝コッレピアーノ〟｜飯田｜https://www.iidawine.com/

｜ラツィオ州｜

122　フラスカーティ・スペリオーレ・セッコ〝サンタ・テレーザ〟｜モンテ物産｜https://montebussan.co.jp
124　チェサネーゼ・デル・ピーリオ〝ヴェロプラ〟｜テラヴェール｜https://terravert.co.jp/

｜アブルッツォ州｜

126　モンテプルチアーノ・ダブルッツォ｜オーバーシーズ｜https://overseas-inc.jp/
128　トレッビアーノ・ダブルッツオ〝ペラディ〟｜ワイン天国｜https://www.facebook.com/winetengoku

｜モリーゼ州｜

130　モリーゼ〝マッキアロッサ〟｜日欧商事｜https://www.jetlc.co.jp/

｜カンパーニア州｜

132　サンニオ・ピエディロッソ｜アビコ｜https://avico.jp/
134　カンピ・タウラジーニ〝クレタ・ロッサ〟｜ミレニアムマーケティング｜http://vino-e-olio.net/
136　イスキア・ビアンコレッラ｜モンテ物産｜https://montebussan.co.jp
138　ファランギーナ・ダナエ｜ワインウェイヴ｜http://www.wine-wave.com/
140　グレコ・ディ・トゥーフォ｜グラン・サム｜https://grande-sam.com
142　フィアーノ・ディ・アヴェッリーノ｜ヴィーノフェリーチェ｜https://www.vinofelice.com/

｜プーリア州｜

144　イエマ｜イズミ・トレーディング｜https://izumitrading.co.jp/
146　サリーチェ・サレンティーノ〝トッレ・ノーヴァ〟｜テラヴェール｜https://terravert.co.jp/
148　カステル・デル・モンテ・リゼルヴァ〝イル・ファルコーネ〟｜モンテ物産｜https://montebussan.co.jp
150　カステル・デル・モンテ・ロゼ｜モンテ物産｜https://montebussan.co.jp

｜バジリカータ州｜

152　モス｜日欧商事｜https://www.jetlc.co.jp/

｜カラーブリア州｜

154　チロ・ロザート｜モンテ物産｜https://montebussan.co.jp
156　グレコ・ディ・ビアンコ｜東亜商事｜https://wine.toashoji.com

｜シチリア州｜

158　ヴィットーリア・フラッパート〝マンドラゴーラ〟｜ワインウェイヴ｜http://www.wine-wave.com/
160　アルカモ・ビアンコ｜メルシャン｜https://mercianwines.kirin.co.jp/
162　タリア・ネロ・ダーヴォラ｜アルトリヴェッロ｜http://www.altolivello.jp/
164　エトナ・ロッソ｜テラヴェール｜https://terravert.co.jp/
166　シチリア〝ピンツェーリ〟｜スリーボンド貿易｜http://www.threebond-trading.co.jp/product/
168　エトナ・ビアンコ・スペリオーレ〝ピエトラマリーナ〟｜テラヴェール｜https://terravert.co.jp/
170　コンテア・ディ・スクラファーニ〝ノッツェ・ドーロ〟｜タスカ・ダルメリータ・ジャパン

｜サルデーニャ州｜

172　カンノナウ・ディ・サルデーニャ〝リッローヴェ〟｜ヴィントナーズ｜https://www.vintners.co.jp/
174　ヴェルメンティーノ・ディ・サルデーニャ〝ヴィッラ・ソリス〟｜ヴィーノフェリーチェ｜https://www.vinofelice.com/
176　ヴェルナッチャ・ディ・オリスターノ｜アビコ｜https://avico.jp/

※本書刊行時点の情報です。終売になったり、取り扱いインポーターが変更になる場合があります。

掲載ワインとインポーターリスト

｜ピエモンテ州｜

14　ドルチェット・ダルバ｜大榮産業｜http://daieisangyokaisha.com/
16　ランゲ・アルネイス〝ブランジェ〟｜ファインズ｜https://www.fwines.co.jp/
18　グリニョリーノ・デル・モンフェッラート・カザレーゼ〝イル・ルーヴォ〟｜オーバーシーズ｜https://overseas-inc.jp/
20　ガヴィ〝ピセ〟｜テラヴェール｜https://terravert.co.jp/
22　バルベーラ・ダスティ〝ラ・モーラ〟｜相模屋本店｜https://sagamiyawine.jp
24　バローロ｜ファインズ｜https://www.fwines.co.jp/
26　ルケ・ディ・カスタニョーレ・モンフェッラート〝イ・フィルマーティ〟｜稲葉｜https://www.inaba-wine.co.jp/
28　モスカート・ダスティ｜ファインズ｜https://www.fwines.co.jp/
30　ルンケット｜ヴィナイオータ｜http://vinaiota.com/

｜ヴァッレ・ダオスタ州｜

32　ヴァッレ・ダオスタ・プティ・ルージュ｜ヴィントナーズ｜https://www.vintners.co.jp/
34　ヴァッレ・ダオスト・ブラン・ドゥ・モルジェ・エ・ドゥ・ラ・サル｜ワインウェイヴ｜http://www.wine-wave.com/
36　ヴァッレ・ダオスタ・プティ・アルヴィン｜テラヴェール｜https://terravert.co.jp/
38　ヴァッレ・ダオステ・フミン｜日欧商事｜https://www.jetlc.co.jp/

｜ロンバルディア州｜

40　ロッソ・ディ・ヴァルテッリーナ｜アビコ｜https://avico.jp/
42　ボナルダ・デッロルトレポ・パヴェーゼ・フリッツァンテ〝レ・ゾッレ〟｜MONACA｜https://www.web-monaca.com/

｜トレンティーノ - アルト・アディジェ州｜

44　アルト・アディジェ・エーデルフェルナッチェ｜アルカン｜https://www.arcane.co.jp/
46　アルト・アディジェ・サンタ・マッダレーナ・ピノ・ビアンコ｜モトックス｜https://www.mottox.co.jp/
48　アルト・アディジェ・ラグレイン〝フォルフィヨ〟｜ヴィーノフェリーチェ｜https://www.vinofelice.com/
50　テロルデゴ・ロタリアーノ｜テラヴェール｜https://terravert.co.jp/
52　アルト・アディジェ・モスカート・ローザ｜ファインズ｜https://www.fwines.co.jp/
54　ポイエーマ｜エヴィーノ｜https://evino33.com/

｜フリウリ - ヴェネツィア・ジューリア州｜

56　コッリオ・フリウラーノ｜スリーボンド貿易｜http://www.threebond-trading.co.jp/product/
58　スキオッペッティーノ｜ラシーヌ｜http://racines.co.jp/
60　ヴィトフスカ｜テラヴェール｜https://terravert.co.jp/
62　コッリ・オリエンターリ・デル・フリウリ・ピコリット｜ヴィーノフェリーチェ｜https://www.vinofelice.com/
64　コッリオ・リボッラ・ジャッラ｜アルトリヴェッロ｜http://www.altolivello.jp/
66　フリウリ・コッリ・オリエンターリ・ピニョーロ｜ワインウェイヴ｜http://www.wine-wave.com/

｜ヴェネト州｜

72　ソアーヴェ・クラシコ｜大榮産業｜http://daieisangyokaisha.com/
74　ヴァルポリチェッラ・クラシコ〝ボナコスタ〟｜日欧商事｜https://www.jetlc.co.jp/
76　ヴァルドッビアーデネ・プロセッコ・スペリオーレ〝プリモ・フランコ〟｜アルカン｜https://www.arcane.co.jp/
78　ヴェスパイオーロ｜サントリーワインインターナショナル｜https://www.suntory.co.jp/wine/
80　レッシーニ・ドゥレッロ・ブリュット｜イタリア商事｜http://www.italia-shoji.co.jp/

｜リグーリア州｜

82　リヴィエラ・リーグレ・ディ・ポネンテ・ピガート｜MONACA｜https://www.web-monaca.com/
84　ロッセーゼ・ディ・ドルチェアックア・スペリオーレ〝ポソ〟｜アプレヴ・トレーディング｜https://apurevu.jp/
86　リヴィエラ・リーグレ・ディ・ポネンテ・ヴェルメンティーノ｜日欧商事｜https://www.jetlc.co.jp/

｜エミリア - ロマーニャ州｜

88　ランブルスコ｜ヴィナイオータ｜http://vinaiota.com/
90　アルバーナ・ディ・ロマーニャ｜アグリ｜https://www.ywc.co.jp/
92　ロマーニャ・サンジョヴェーゼ〝ゴデンザ〟｜テラヴェール｜https://terravert.co.jp/
94　コッリ・ピアチェンティーニ・マルヴァジア〝エミリアーナ〟｜パシフィック洋行｜https://www.pacifcyoko.com/
96　ランブルスコ・ディ・ソルバーラ〝リモッソ〟｜アサヒグラント｜https://asahigrant.co.jp/
98　ランブルスコ・グラスパロッサ・ディ・カステルヴェトロ〝コルサソッソ〟｜飯田｜https://www.iidawine.com/

｜トスカーナ州｜

104　キャンティ・クラシコ・リゼルヴァ〝バディア・ア・パッシニャーノ〟｜エノテカ｜https://www.enoteca.co.jp/

この本は、2021年10月27日から同年12月22日までに実施されたクラウドファンディング「イタリアワインのレジェンド 故・内藤和雄さんの本出版プロジェクト」への多大なるご支援により実現しました（支援者454名、支援額9,453,500円）。

返礼コースの一部にて、本書内に〈お名前〉または〈お名前+好きな土着ブドウ品種+好きなイタリア郷土料理〉の記載を告知させていただきました。ご記入のあった方々につきまして、お名前（好きな土着ブドウ品種／好きなイタリア郷土料理）として掲載させていただきます。極力皆様の表記どおりとしました。

ご支援、誠にありがとうございました。

「イタリアワインのレジェンド
故・内藤和雄さんの本出版プロジェクト」事務局

veneziana)、ワイン場CataCata、松岡正浩（nebbiolo／ribollita）、Fusako Itakura（Arneis／Insalata russa）、七字良仁（Nebbiolo／agnolotti dal prin）、七字祐子（Sangiovese／bistecca alla fiorentina）、Eriko Suzuki、SATOMI AKAHANE、D'AMA Yurie、塩見喜美子（マルヴァジア／アニョロッティデルプリン）、Fukushima/Munakata、イタリアまかない屋高田食堂　高田淳、藤田真弘（Friulano,Glera／Pasta e Fagioli）、吉田有美子（Verdicchio di Matelica／魚介のフリットミスト）、神山武徳、中澤友作/Tomosaku、永井美智子、Megumi Funakoshi（Nebbiolo／Agnolotti del plin）、イタリアワイン専門店ソラリウム　西村大輔（サンジョヴェーゼ／リボッリータ）、伊禮尚樹、大森りえ、大倉和士（アリアニコ／ボッリート ミスト）、小松久恭　小松美奈子、依田雪絵、今城洋子（サンジョベーゼ、ネッビオーロ、リボッラジャッラ、グレコ、マルヴァジア／トリッパ、ボリートミスト、オッソブーコ、セミフレッド、ピザ）、Lanterna Magica、奥野智子、馬場圭太郎（Cagnulari／porceddu）、Marika（Sangiovese／Riso nero alla messinese）、Sachiko、永坂文、小林直樹、Quindi、tutti/ Non Capiscono Niente、かたづめしおみ（Nerello Mascalese／Sarde a beccafico）、中澤輝之、YUKO IDE（Barbera／Ossobuco）、GINO 藤野清久、CHINATSU YAMANOUCHI（Barbera）、依光明生（フリウラーノ／コトレッタ）、Erika、VDP、まつい、櫻井真樹、佐藤真一（Sangiovese／Lampredotto）、谷善樹、宮本順子、匿名希望（バルベーラ）、Yutaka Iwatsubo、大野正寛（ネッビオーロ、サンジョベーゼ、ネレッロマスカレーゼ／グーラッシュ、豚バラとレンズ豆の煮込み）、Sawako Kimijima、「トラットリアビコローレヨコハマ」「ガストロノミアヘリテージヨコハマ」佐藤護・清美、金丸裕介（ネッビオーロ／アニョロッティダルプリン）、畑中博美（ネレッロマスカレーゼ）、山根拓也（サンジョヴェーゼグロッソ）、瑛莉、tomoki tangi、松本裕美（ピエモンテなワイン／南の料理）、森芳映（キアヴェンナスカ／ピッツォケッリ、フレイザ／フィナンツィエーラ）、ワインバーメッチャモンテ　中山典保、門脇俊仁（バルベーラ／カルネ・クルーダ）、Acatui、新矢誠人@広島、横井隆、リストランテナカモト　仲本章宏（サンジョベーゼ）、Heaven's Cup 天盃 since 1959.12.11、「狸の洞窟」坂田肇、土橋純一、酒井隆行、菊地亮吾、英和商事株式会社、井浪皓之（ガリオッポ／pasta con le sarde）、LUMINO CaRINO e Vineria LUMICaRI 伊藤貴史＆留美子、林憲二・宮崎礁・原直樹・福元幸佑・佐藤優真・森晴久・佐々木康修・柴田崇八・松岡学・渡邉亜矢子・野田理美・三尾周平・立田優詞・大隅俊・神楽坂アッカ・恵比寿アッカ・中野アッカ・高円寺アッカ・アッカワインスクール・株式会社アッカ（Nebbiolo／Tajarin）、Sam Wong（SANGIOVESE／La Trippa）、タンタローバ 林祐司、田中真理、松原真美、堀込玲（フミン／ヴァルド派）

支援者のページ

池田由美子、林晃（Picolit／Gubana）、大田桂三、河西弘子、岡部恵美子、MAKI SAITO、伊井哲朗、Shohei Kan、山本春光、藤川千鶴（アリアニコ／スフォリアテッラ）、松本弘聖（ネッビオーロ）、柴田幹太（Colli bolognesiのメルローとピニョレット／ザンポーネとレンズ豆）、篠原雅人、ボノカ合同会社、南川博子、山下哲生（Sangiovese Grosso／Bistecca alla fiorentina）、Kaori Esashika、木村浩幸（バルベーラ）、坂理次孝、La mensa、石垣亜也子、西田勝美（にしだまさみ）、澤谷良樹（ネッビオーロ／タヤリン）、片山秀人、Due 湯浅、長内美補子（ビアンキスタ）、鳥居けんじ（Sangiovese／Ribollita）、小室卓也（Sangiovese／Cacciucco）、Yuki Koikeda、羽田野覚、中村和久（サンジョベーゼ／サルティンボッカ）、ハタユウヤ、瀬川亜希子（バルベラ）、堀田瑞江（zibibbo）、vinoria BASSO（Schioppettino／Saltimbocca）、岩本まき子（Chianti Classico　Franciacorta）、清水雄介（サンジョヴェーゼ　グロッソ）、間弓洋江、オステリアバッコ、有賀薫、住吉壮介、Megumi A（Schiopettino／チャルソンス）、Hisashi Saito、奥村彰規（アリアニコ／コトレッタ　アッラ　ミラネーゼ）、イル・ソッフィオーネ、木津美保子、jura、大島暁（DOLCETTO／vitello tonnato）、荒井真悟（エトナのワイン／カッポン・マーグロ）、池田秀彦、大江宗幸（ネレッロマスカレーゼ、サンジョベーゼ／ランプレドット）、連久美子（Lacrima／ウサギのインポルケッタ）、牧野恵子、Tatsuo Hayashi、佐伯俊成・高石美樹、髙井佳菜子（ピノ・ビアンコ／ラタトゥイユ）、楠田卓也、林 信基、清水泰子、池田奈帆子、香田正也・擁、小原昭彦（バジリカータ州アリアニコ）、wineshop il savino、Kazuya Kumagai（Nebbiolo）、恒次貴之、木内康代（ネロ・ダーヴォラとモンテプルチアーノ）、MEGUMI SUEKI、渋谷大輔（Barbera／Tajarin al Tartufo Bianco）、杉山奈津子、井川直子（ドルチェット／タヤリンに白トリュフたっぷり）、イタリアワイン阿部、大下竜一、Cavalletta湊敦司、Quindici、増村酒店 増村隆一、La Cantina BESSHO、鳥山真吾、FINE DEL MONDO、小池哲（ネッビオーロ）、Vino Hayashi 林功二、リストランテ・ラ・バリック・トウキョウ 坂田真一郎（すべて愛しています／すべて愛しています）、匿名希望（東京都下水道局職員）、吉田健一（サグランチーノ）、ヴィントナーズ、西麻布Goblin 林竜平（nebbiolo／vitello tonnato）、曽根清子（グリニョリーノ／バーニャカウダ）、古西幸登、上片平隆史（Nerello Mascalese／Costoletta alla Milanese）、松屋商店諏訪3番街店、松岡、Toyoaki Higashi（Sangiovese／Trippa col sugo）、gucci、村岡かおり（Aglianico／Carciofi alla giudia）、上野貴裕、入江宏行&由記子、小野晃裕（ネッビオーロ／ビステッカ・アッラ・フィオレンティーナ）、西家卓治（トレッビアーノ／ラディッキオのオーブン焼き）、神楽坂イタリアン蒲生弘明（ネッビオーロ／カルボナーラ）、柏貴光、篠原正樹（ネッビオーロ種／ファソーナ牛のタルタル）、礒田伸一（ガルガーネガ／Fegato alla

講談社の実用BOOK

土着品種でめぐる
イタリアワインの愛し方

2022年9月22日　第1刷発行
2024年1月18日　第4刷発行

著　者　内藤和雄

発行者　森田浩章
発行所　株式会社 講談社
〒112-8001　東京都文京区音羽2-12-21
電話　編集　03-5395-3560
　　　販売　03-5395-4415
　　　業務　03-5395-3615

印刷所　大日本印刷株式会社
製本所　大口製本印刷株式会社

KODANSHA

ISBN978-4-06-528870-2

参考文献

・『イタリアワイン産地ガイド 地図でわかるDOCGとDOC』
中川原まゆみ（ガイアブックス・2022年）
・『イタリア料理小辞典』
吉川敏明（柴田書店・2017年）
・『イタリア料理用語辞典』
町田 亘・吉田政国編（白水社・1992年）
・『イタリア・ワインのすべて』
塩田正志（柴田書店・1976年）
・『ファッションフード、あります。』
畑中三応子（紀伊國屋書店・2013年）
・『ENCICLOPEDIA degli Alimenti』（Boroli Editore）
・「月刊専門料理　2015.07号」（柴田書店）
・「メトロミニッツNo.157 11.20 2015DEC号」（スターツ出版）
・「イタリア食材・ワイン DOP・IGPガイドブック」
（イタリア貿易振興会・2011年）
・「ナチュラルメンテ・イタリアーノ」
（イタリア貿易振興会・2007年）
・エノテカオンライン　https://www.enoteca.co.jp/

写真提供

三東サイ　萬田康文　うらべひでふみ　中嶋大助　山下恒徳　椎野充（講談社写真部）　香西ジュン　島田達彦

イラストMAP

ハヤシコウ

企画／執筆／編集協力

柴田香織

デザイン

島内泰弘デザイン室

本書は、「料理通信」誌（株式会社料理通信社刊）連載「これだけは知っておきたい イタリア土着ブドウ品種」全78回の記事を再編集し、オリジナルコンテンツを加えて書籍化したものです。